圖解精讀

飽住瘦攻略

減醣入門天書

陳倩揚 著

萬里機構

Foreword 推薦序 1

要成功控制體重，
要有可持續的健康飲食態度！

第 4 本啦！第 4 本啦！

真的很佩服倩揚的毅力和堅持，一邊完成她的學業，一邊持續推動「低醣健康飲食」的風氣，幫助有過重問題的人，透過智選有營食物來達到健康的體重，建立持續的健康飲食態度，從而重拾健康。

倩揚為幫助有需要控制體重的人士，了解更多體重控制的理念，用了很多心機和時間把這些理論用圖畫和簡單的文字呈現出來。把複雜的理論，變得簡單和較容易掌握，尤其對初學者非常實用。而對一些已經對體重控制有經驗的人來説，這本書可以作為一個簡單的提醒或溫習工具，是一本 ready reckoner，而書裏面的 Q&A 特別有用。

另外，此書還加入一些體重控制與疾病關係的基本資訊，例如透過健康飲食來控制高血脂、高血糖、高血壓和其他與體重有關的長期病患。而成功控制體重不但可以令你變得更健美，最終目的都是令自己減少患病，尤其是香港人較容易患上的三高問題。除了實踐低醣低脂飲食外，有需要時也要配合醫生、營養師和運動教練的臨床建議，令體重控制更加事半功倍。

在此祝倩揚新書大賣！粉絲們最宜集齊四冊，支持及宣揚可持續的「低醣」健康飲食態度。

林思為 Sylvia
顧問營養師

Foreword
推薦序 2

在現今這個充滿挑戰與忙碌的時代，健康飲食已經成為我們生活中不可或缺的一部分。無論是追求更好的體能狀態，還是希望預防各種慢性疾病，健康飲食都是達成這些目標的基礎。然而，面對琳瑯滿目的食品和營養資訊，很多人感到迷茫，不知從何入手。

這本書的誕生正是為了解決這個問題。由陳倩揚小姐精心撰寫，透過深入淺出的內容、精美的圖文和實用的建議，我們希望能夠幫助讀者建立一個健康、均衡的飲食習慣。書中的每一頁都經過精心設計，旨在將複雜的營養知識以簡單易懂的方式呈現，讓讀者能夠輕鬆理解和應用。

倩揚不僅僅告訴你甚麼食物是健康的，還會解釋為甚麼這些食物對你的身體有益，並提供實際的生活小貼士，幫助你將理論轉化為行動。希望這本書能夠成為你的健康指南，陪伴你在每一天的飲食選擇，做出更智慧、更健康的決定。

這本書不僅適合對健康飲食有興趣的人，也適合希望改變飲食習慣、提高生活質量的人。我們相信透過這本書，你將能夠找到屬於自己的健康飲食之道，並從中受益良多。

周志明心臟專科醫生
聖米高醫院
多倫多大學醫學院教授

推薦序 3

醫學研究顯示，肥胖和其他慢性疾病如糖尿病和高血壓等，都受遺傳基因影響。我們常常聽到減重人士抱怨自己體質易肥，又妒忌有些人的體格怎樣吃都不胖。的確，遺傳基因在肥胖問題上扮演了重要的角色，但亦不能忽視環境的重要性。

一百年前，肥胖人士只佔全世界人口約 2%；時至今天，肥胖已影響了全球近兩成人。人類的遺傳基因沒可能於一百年間有這麼大的改變，反而出現巨大改變的是生活環境。這些致肥的基因於世界糧食不足的環境下，其實是優越的基因，擁有這些基因的人類有額外的生存優勢。可是，人類現在可輕易獲得食物，那些原本優勢的基因反而變成負累，逐漸為身體帶來各式各樣的疾病。

我們沒辦法改變與生俱來的基因，卻可以改變生活的環境。生活當中可改變的事情非常多，每天做的事和吃的食物都屬於「環境因素」一部分。要改變自己體態或者一直減不掉的體重，就必須從多個生活環境細節作出調整。若很想作出生活改變的你無從入手，倩揚的著作可以提供一個深入淺出的起點，為大家在減重道路上給予簡單易明的指引，每當遇上挫折或碰上複雜的難題，就可以慢慢走出困局。

其實，減重的生活模式也是健康生活的基礎，就算你不是肥胖人士，認識減重生活對整體健康亦

有莫大裨益。如有親朋戚友是肥胖人士，我更推薦閱讀倩揚的著作，既可增加自己對健康生活的認識，更可為身邊肥胖的親友一同締造減重的生活環境。

香港衞生署和香港肥胖學會均界定香港華人 BMI 23 或以上屬超重，超重人士應審視自己的生活模式並加以改變。BMI 25 或以上屬於肥胖，即肥胖問題已踏入疾病級別，開始增加身體患上其他疾病的風險，健康減重的生活改變刻不容緩，應考慮尋求專業人士指導，如營養師和體適能教練協助制定減重計劃。當 BMI 踏入 27.5 或以上，可以尋找醫生評估是否適合配以醫療級別的治療項目，如藥物或胃水球等。BMI 32.5 或以上更可考慮採用代謝減重手術方案。

雖然醫療級別肥胖症治療方法的效果非常顯著，但健康生活方式仍是所有減重方案的基礎。倩揚的著作正好為大家建立良好的基礎，讓大家在減重的道路上走得更輕鬆、走得更遠！

徐俊苗醫生
香港肥胖學會主席

Preface
自序

來到第四年，執筆這一刻有點不可思義的感覺。這一年，發覺內在體會與生活經歷都為身心帶來不少衝擊，有精彩的、有充滿挫折的，一步一腳印，無論是淚水或是笑臉，都印證着每個成長里程。然後我發現，無論幾經波濤，與大家分享健康資訊，讓更多人打從生活細節開始進步，經營健康的身體，是一件滿有溫度的，令我可以不眠不休，本着最純粹的初心，努力做好的一個崗位。

在過去的三本書籍，我與大家分享了各款低醣食譜，並提供了詳細的輕鬆落磅健康資訊。這一次，我希望來一點簡約的、一目了然的——圖解精讀本，讓大家能夠更輕鬆地理解並實踐低醣飲食的理念。

減重的過程並不容易，尤其是在繁忙的日常生活中；但記得產後不久，我也曾經在鏡子前問自己：「會一直這樣下去嗎？」然而當我體會到減醣飲食的滿足與自在，同時不僅幫助我減掉了多餘的體重，還讓我感受到身體的輕盈與健康的喜悅，那一團分享的火焰，就一直燃燒至今。

我希望通過簡單明瞭的圖解，讓大家能夠極速掌握低醣飲食的精髓。每一頁的設計，都力求減少文字的負擔，讓內容更加直觀、易懂。我希望這樣的形式，能夠為大家提供一種嶄新的閱讀與學習體驗。

減重不僅僅是外表的改變，更是內心的一次蛻變，為未來的自己送一份禮物。我希望這本書能夠成為你們的動力源泉，幫助你們踏上減重的旅程。坐言起行，從現在開始，讓我們一起迎接一個更健康、更美好的自己。

希望我的四本書籍能夠陪伴大家，無論是第一至三本的詳解版本或是精讀本，總有一頁幫到你。無論你是剛剛開始探索低醣飲食，還是已經在這條路上走了一段時間，我都希望這本書能夠給你帶來新的啟發與支持。

感謝你們的支持與信任，希望這本書能夠成為你們生活中的一部分，陪伴你們走過每一段努力與堅持的日子。相信自己，你一定可以做到！

祝願大家健康、幸福，享受每一天的美好生活。

倩揚 Facebook 專頁

你得我得行動組
Facebook 專頁

Preface
前言

親愛的讀者們，一路走來，一直有大家的支持，讓我擁有不斷求進的動力，今年推出的第四本低醣飲食書籍——《圖解精讀飽住瘦攻略》，希望可以幫助更多保持觀望尚未「入坑」，又心心念念想改善體態的各位。當你看到這頁，希望你毫不猶豫將書本帶回家。

這些年間，我深刻體會到健康飲食的重要性，也理解每個開始都不容易。無論你是因為工作壓力大、生活繁忙，還是對改變現狀感到無力，而缺乏動力開始健康飲食，這些都是正常的感受。請不要氣餒，每一天都是一個全新的開始，無論過去如何，今天的你依然可以踏出第一步，為自己和家人創造更健康的未來。

健康飲食之路並不容易，我深知開始一個新的生活習慣需要極大的決心和毅力。很多人可能因為各種原因而遲遲不敢踏出第一步，例如擔心不能堅持、害怕改變飲食習慣影響生活質素，或者對低醣飲食的效果抱有懷疑。這些顧慮都是可以理解的；畢竟改變總是伴隨着不確定性。然而，正是這些改變，能夠帶來巨大的健康收益和提升生活質素。

作為「你得我得行動組」團長，我希望能以我的書籍和經驗，為你提供實用的建議和心靈的支持。由第一本著作到今年的精讀本，包含了豐富多變的低醣食譜，還有關於健康飲食的詳盡記錄、詳細的營養分析和健康小貼士，幫助你更好地理解低醣飲食的原理和益處。讓你可以邊學習邊實踐，逐漸找到適合自己的飲食方式。

我希望我的書籍能成為你經營體重管理旅途上的指引和陪伴，激勵你堅持下去，迎接更美好的自己。每當你感到困惑或失去動力時，翻開這本書，希望它能給你帶來新的啟示和力量。建立健康飲食習慣是一段長期的旅程，而不是一蹴而就看到結果。重要的是，我們實踐輕鬆減磅之時，又找到心靈滿足的方法享受這個過程，學會如何在忙碌的生活中平衡工作與健康，以適合自己的節奏和方法無憂地成功落磅。

無論何時何地，我都在這裏，陪伴你一起走過這段健康之旅。你可以隨時翻閱此書，尋找靈感和支持。我也會不斷更新和分享嶄新的低醣飲食資訊，與大家一同成長和進步。希望這本書能成為你生活中的一部分，陪伴你度過每一個健康的日子。

加油！我得你都一定得！每一個小小的改變，都是邁向健康生活的重要一步。讓我們一起，為更好的明天努力！

插畫：陳希桐

Contents
目錄

Chapter 1
有效可持續的健康減磅計劃

Chapter 2
精製糖、精製澱粉及加工食物的陷阱

Chapter 3
減重有助改善三高

Chapter 4
減醣概念班：又飽又減磅的原理

Chapter 5
挑選健康食材攻略

Chapter 6
倩揚 10 選，健康滿分

Chapter 1
有效可持續的健康減磅計劃

Sustainability

何謂可持續？
怎樣做到飽住瘦？

做足以下幾點，你將會看見一個全新的自己！

1. 均衡飲食

營養全面：確保攝取足夠的蛋白質、碳水化合物、健康脂肪、維他命和礦物質。

多樣化飲食：選擇不同種類及不同顏色的食物，確保營養均衡。

控制熱量：適量關注熱量攝取，但不過度緊張計算，不能吃得過少，避免營養不良。

2. 選擇原形及較低升糖指數（GI）食物

穩定血糖：選擇較低 GI 食物，如全穀類、豆類、蔬菜和水果，有助穩定血糖水平，減少飢餓感。

減少高 GI 食物：少吃精製澱粉和高糖食物，避免血糖劇烈波動。

3. 適度運動

有氧運動：每週進行適量有氧運動，如步行、跑步、游泳或騎單車。

力量訓練：每週進行適度力量訓練，如舉重、瑜伽或阻力帶練習，幫助增加肌肉和提高基礎代謝率。

靈活性和平衡訓練：包括拉伸及平衡練習，改善身體柔韌性和穩定性。

4. 建立健康的飲食習慣

規律進餐：定時進餐，避免暴飲暴食和情緒性飲食。

注意分量控制：學會掌握適當的食物分量，避免過量攝取。

多喝水：保持充足的水分攝取，有助代謝和消化。

5. 睡眠和壓力管理

充足睡眠：每晚確保 7-9 小時的優質睡眠，有助調節荷爾蒙和控制體重。

減少壓力：保持心境開朗，學習管理壓力，避免壓力引起的暴飲暴食。

6. 設立可達成的目標

逐步實現：設立短期和長期目標，逐步實現，避免過於激進的減重計劃。

記錄進展：記錄飲食、運動和體重變化，有助了解進展和調整計劃。

7. 尋求專業指導

營養師建議：如有需要尋求專業營養師的建議，制定個人化的減重計劃。

醫生意見：特別有家族病史或肥胖症人士，應參照醫生意見進行減重。

Sustainability

均衡營養、多元化飲食

**選擇原形及
較低升糖指數（GI）食物**

**健康、有規律的
飲食習慣**

補充足夠水分

優質睡眠

適度運動

**正服食藥物、有家族病史
人士，應尋求專業意見**

🔍 減肥迷思層出不窮 🎤

朋友話？上網睇？同事親身經歷？

❓ 減肥好辛苦？

❓ 減肥期間要捱餓？

❓ 減肥期會脫髮、停經兼頭暈？

❓ 減肥期間要社交隔離，否則前功盡廢？

❓ 節食可以落磅，不用做運動？

❓ 做 16/8 斷食法一定瘦？不用理會食物配搭？

以上只是都市迷思的一小部分，相信大家曾聽說的內容一定更多。想好好管理體重，其實沒想像中般困難，亦不用斷絕朋友飯局，也不用怕去旅行「無啖好食」，看完以下的篇章，絕對可以放心開始！

Weight Loss Myth

KO 都市減肥迷思

想健康減肥並維持良好體態，飲食和運動兩者缺一不可。許多人在減重過程中，往往因為身邊出現太多不同的聲音，甚至陷入一些飲食迷思，有些方法不僅難以長期維持，還可能對健康造成危害。

在減脂的過程中，恆心與毅力固然重要，但正確和聰明的飲食原則才是成功的關鍵！以下列出常見的 10 大減肥迷思，看完記好免中地雷，浪費了時間和心機。

1. 少吃多餐能減肥

迷思：少吃多餐會提高減重成效。

事實：想減重不只要吃對東西，進食的總熱量攝取、時間、頻率及注意食物質量等更有幫助！

2. 只要運動，不需要控制飲食

迷思：運動消耗大量卡路里，所以可以隨意吃。

事實：運動固然重要，但飲食控制對減肥效果更為顯著。攝取過多熱量，做再多運動也未必有良好的效果。

3. 吃宵夜一定會胖

迷思：晚間吃東西導致脂肪堆積。

事實：關鍵在於整天總熱量攝取，進食時間非最主要。但要注意於晚餐進食過量或高糖高脂肪食品會較易增加體重。

4. 不吃早餐能減肥

迷思： 不吃早餐可以減少熱量攝取，有助減磅。

事實： 剛開始減重計劃，勉強忍口少吃一餐，會容易導致午餐和晚餐太餓而進食過多，反而不利落磅。建議新手入門盡量貼近日常飲食習慣，由精明挑選食物為第一步，進食營養平衡的早餐能提供一天的能量和好心情。

5. 減肥要戒油才有效果

迷思： 所有脂肪都會導致體重增加，因此應該盡量避免。

事實： 健康脂肪（如橄欖油、堅果及牛油果等）對於身體運作和健康有益。油脂是人體每日必需攝取及維持健康身體重要元素之一，就算減重也應攝取健康的油脂，過少油脂的飲食習慣可能造成皮膚變得粗糙、便秘等狀況。

6. 多喝水就能減肥

迷思： 多喝水可以消脂。

事實： 喝水能促進新陳代謝，但並不能直接消脂。總的來說懂得精明選擇優質食物，同時保持適當水分攝取對整體健康和減肥更有幫助。

7. 減肥藥物能瘦身

迷思： 減肥藥物是快速瘦身的捷徑。

事實： 減肥藥物可能帶來副作用，而且通常不能持久。調整及學習健康的飲食，以及保持運動習慣才是可持續的輕鬆瘦身方法。

8. 所有碳水化合物都要避免

迷思： 所有碳水化合物都會導致體重增加，落磅第一步就要戒吃澱粉。

事實： 精製碳水化合物（如白麵包、甜品、零食）確實不利減肥，但全穀類澱粉質及原形食材類食物是均衡飲食的一部分。

9. 有氧運動是唯一的減肥運動

迷思： 只有帶氧運動能幫助減肥。

事實： 有氧運動對減脂有效，但力量訓練能增加肌肉質量及促進代謝，有助做好體重管理。

10. 短期節食能快速瘦身

迷思： 短期內大幅減少熱量攝取可以快速落磅，捱餓就能瘦。

事實： 節食後雖然看似容易落磅，但幾乎可以保證磅數必會反彈，並可能導致營養不良，心情低落。健康、可持久的減肥飲食習慣應該保持攝取均衡營養，同時可配合日常生活，更理想的是建立持續運動的習慣。

Weight Loss Myth

以下迷思，你一定聽過……

「只要 XXX 就能瘦！」

捱餓

節食

瘋狂做運動

戒飯 / 戒碳水化合物

水果高糖唔食得

時刻計算卡路里

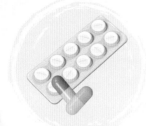

依賴減肥藥

注入式藥物或
依賴減肥療程

只吃代餐

Weight Loss Fact

打破以上的迷思，減肥其實不難，
做足以下幾步，飽住瘦絕對可以！

吃優質碳水化合物

喝足夠水分

享受正餐

有運動的習慣

心情正面輕鬆

營養均衡多元化

保持正常社交

規律作息

吃適量水果

Be Aware When...

日積月累的生活習慣或壓力，往往是引致肥胖的導火線，很多時會不自覺地慢慢墮進圈套。明日復明日的藉口，也許已在腦海中盤旋十數載，看清以下資料，問問現在的自己有以下哪幾個狀況？要成功減磅，由了解自己開始！

整天又累又沒精神

經常口渴

常有零食癮

非常喜歡吃甜

有宵夜的習慣

壓力

喜歡濃味食物

便秘

褲頭窄了就買新褲子

暴飲暴食

整天坐着工作

進食速度太快

皮膚變差

常感虛弱

欠缺動力

經常失眠

如出現以上情況,代表身體對你發出警號,長期忽略不及早正視,有機會增加患上都市病或慢性疾病的風險。今日開始由生活細節開始踏出一小步,如有疑問,建議找營養師或醫生幫助。

Question & Answer..

q

減磅係咪一定要計卡路里？唔想計或唔識計係咪就減唔到？

a

想要健康減磅，唔係只着眼於計算卡路里，最緊要認識邊啲食物對身體有益，揀得聰明，就食得開心，唔駛時時刻刻計數一樣減到！

q

減磅係咪要戒食好多嘢？係咪一定唔可以落油鹽糖調味料？

a

唔好諗住戒啲咩，正面諗可以食啲咩！減磅減脂飲食一樣可以好豐富，適量的調味，多選用天然香料、香草，好味又有益。

q

初初開始咩都唔識，係咪就咁食少一餐、食少啲嘢或者節食就可以落磅啦？

a

坊間一大迷思就係食少啲就瘦到，其實食得太少一來對身體唔好，二來就算瘦咗，當食返正常分量肯定會重番。記住食得啱、食得飽，都可以輕鬆落磅！

q

減磅係咪無飯食？係咪要戒晒澱粉類食品？無飯食我就情願唔減！點部署？

a

放心！減磅有飯食！翻去 P.107 睇睇有咩可以加入白飯一齊煮，慢慢學識多啲優質有營養及較低升糖的澱粉質，一定唔會因為無飯食而情緒低落㗎！

Question & Answer..

q

我返 shift，一定係深夜時分先食正餐，咁我係咪註定減唔到？返夜班或輪班工作應該點食點減？

a

首先唔好比壓力自己，就算返夜更，只要揀啱食物，飲足夠水分，有好的睡眠質素，建立做運動的習慣，一樣可以成功減磅！加油！

q

一話減肥，個個 friend 都話唔約我，唔想同我食飯，話怕我咩都唔食得，唔想無晒朋友，求方法！

a

減肥收埋自己食焓雞胸的諗法已經 out 咗！減磅一樣可以約朋友，識揀識食仲可以同 friend 分享美食，仲可以叫多幾樣，每樣試啲！Enjoy gathering！

q

啲 friend 話要減到磅，水果都唔好食，話水果有糖分，我好鍾意食香蕉，仲食唔食得？

a

記住我哋唔需要全面戒糖，好多食物都有天然糖分尤其水果，水果咁有益又咁好味，點會唔可以食呢？翻去 P.89 睇睇有咩低升糖水果啱食，同埋每日兩份拳頭 size 分量就夠啦！

q

網上有人話牛油果好有益，但又有人話牛油果好肥、好高卡路里，可以食定唔可以食？我好亂呀！

a

牛油果所含的脂肪、熱量的確較高，但值得記住牛油果含有豐富的膳食纖維、維他命 E、鉀及不飽和脂肪酸（好的油脂），有助支援心臟健康！建議購買細 size 牛油果，每次食半個就夠啦！

Question & Answer..

q

群組的人話減肥減到甩頭髮，又無黎 M，好恐怖！我情願肥都唔要做脫髮一族呀！

a

出現呢啲情況好大可能係壓力大、食得太少、食物種類唔多，吸收嘅營養唔夠整全，所以身體會啟動自我保護機制，減少輸送營養至較無生命危險的通道，所以需要知道食咩、點樣食係好重要！

q

見到有人話減減吓啲磅數停好耐都唔郁，咁樣好灰心喎！呢段時間點算好？一日未達標我都未開心得住……

a

平台期基本上係減磅過程一定出現的，因為減去磅數之後，減磅速度會變慢，呢個時候除咗唔好灰心，繼續堅持，仲可以轉換不同食物，增加或轉換運動，只要做得啱，為健康努力緊，唔好淨係掛住睇磅數，經營好自己的健康，一定有得着。

q

我個人好心急，想快啲睇到成績！一係唔做，決定了就要勁快減到！我想 3 個月要減 50 磅，請比餐單！

a

這是可持續性的飲食調整計劃，唔係減肥餐單教你 10 日減 10 磅。快速減到，咁後續點 keep？明白咗概念，食啱咗就係一個長遠堅持嘅習慣，亦可減少心情坐過山車。唔好急於一時，緩慢漸進地落磅先係王道！

q

減肥減得耐，個人會好燥又好乾柴，係咪之前鍾意食嘅嘢無得食㗎？咁好灰，有無得破例食吓？

a

有㗎有㗎有㗎！放心！一星期叻咗 6 日，搵一日放鬆一下 Open Day，真係可以食鍾意嘅嘢！只要唔好暴飲暴食，調整 Open Day 後上磅嘅期望，至於揀邊日食，就返自己返工或生活習慣就得啦！

You Can Do It

10 則減磅期間必讀心靈雞湯

減重是一個長期且需要耐心的過程。以下十個鼓勵點,請好好放在心中,希望可以幫助你在這段旅程中保持積極的心態,無壓力地堅持下去。

1. 記住初衷

每當你感到沮喪或想放棄時,回想一下你開始減重的初衷。無論是為了更健康的身體,還是為了更自信的自己,或是為最愛的家人,這些都是你堅持下去的重要動力。

2. 今日一小步,將來一大步

即使是小小的進步也是值得慶祝的。每一次你選擇了對的,健康的食物,每一次你完成一次運動,都是向着目標邁進,比昨天的自己進步了!

3. 容忍自己的失敗

減重過程中難免會有感到挫敗的時候。不要因為磅數停滯不前而放棄。允許自己偶爾放鬆,然後重新開始,繼續前行。

4. 獎勵自己

設定一些小獎勵來激勵自己,例如每達到一個小里程,可購買一份小禮物,或是來個連續兩天的 Open Weekend,獎勵同時肯定自己的努力!

5. 尋求支持

與家人朋友分享你的目標,尋求他們的支持和鼓勵。有時候,一句簡單的「你做得很好」就能給你帶來無限的動力。你得我得行動組全力支持!

POSITIVE VIBES

BE Prepared

NEVER give UP

Let your light Shine

6. 保持積極心態

減重是一個長期的過程，保持正面積極的心態很重要。相信自己，堅持做對的事，每一步的努力都值得尊重。

7. 記錄你的進展

通過記錄你的進展來保持動力。無論是寫日記還是拍照片，都能幫助你看到自己的進步，激勵自己繼續前進。

8. 健康第一

不要僅僅為了減重而忽視身心健康。健康的飲食和適量的運動是長久之計，輕鬆無憂地進行減磅計劃是重點。做好體重管理的目的是讓自己更健康，而不是只單純地看重磅數跌幅。

9. 不比較

每個人的身體和減重速度都不同，不要拿自己的進度和別人比較。專注於自己的目標和進步，只要堅持一定能看到成果。

10. 將成功和快樂傳染

當你在減重過程中取得成功時，多分享你的故事和經驗，將你的成功和快樂感染身邊的人。因為你的積極態度和成功可以激勵他人，讓更多人加入健康生活的行列。共同努力，互相支持，感受成功的喜悅。

不要低頭雙下巴會掉下來
顏值可以爆錶但脂肪不可以
笑一個

Sure Win Tips
飲食篇

高纖食物
◎ 多吃水果、蔬菜、全穀類和豆類。
◎ 高纖維食物能增加飽腹感,有助消化系統健康。

低脂飲食
◎ 選擇低脂乳製品和較少脂肪肉類,如雞胸肉、
　豬扒和魚。
◎ 避免油炸食品,選擇烤、蒸、煮的烹調方式。

低碳水化合物飲食
◎ 減少精製澱粉和糖分攝入。
◎ 選全穀類和原形澱粉質食物,如糙米、番薯及
　南瓜等。

低鈉飲食
◎ 減少使用鹽分,選擇天然調味料如香草和香料。
◎ 避免加工食品和快餐,通常含高鈉。

高蛋白飲食
◎ 多吃高蛋白食物,如雞肉、魚、豆腐和豆類。
◎ 高蛋白有助增加飽腹感,保持肌肉質量。

Sure Win Tips

飲食篇

注意分量，避免暴飲暴食

◎ 控制每餐食物的分量，不要過度進食。

◎ 記錄令自己飽足的分量，每天維持。

三餐定時，期間可選健康小食作茶點

◎ 保持規律的進餐時間，避免感到過度飢餓。

◎ 茶點可選擇健康的小食，如水果、堅果或低脂
　 乳製品。

攝取足夠水分

◎ 每天最少喝體重（kg）x 30ml 至 40ml 的水量，
　 保持身體水分充足。

◎ 有助新陳代謝，減少飢餓感。

在忙碌日子，製作簡單飽肚的 Morning Drink

◎ 製作健康的 Smoothie，加入水果、蔬菜、堅果
　 和種籽等。

◎ 方便快捷且營養豐富，適合忙碌的日子。

選健康零食

◎ 70% 以上可可含量的黑巧克力，含抗氧化劑，
　 適量進食對健康有益。

◎ 其他健康零食包括無鹽堅果、希臘乳酪及蘋果
　 片等，詳見 P.164-176。

Sure Win Tips
烹調篇

開始嘗試多在家煮食
◎ 在家烹調能更好地掌控所用的食材和調味料。
◎ 選擇健康的烹飪方法，減少過多油脂和鹽分攝取。

選用恰當的烹調方法
◎ 多選擇蒸、煮、燉、炒、燜等烹調方法，減少煎炸食物，好好控制油脂和熱量。

善用網購的方便
◎ 網購食材能夠節省時間，方便忙碌時都能選擇健康食材，也不用放工時趕買餸。

仔細查看營養標籤
◎ 了解食品的營養成分，選擇較低糖、低鹽、低脂肪的產品。
◎ 注意成分表，避免選含過多人工添加物的食品，免墮高糖高脂的陷阱。

購物前列好清單
◎ 列好購物清單，有計劃地選購，避免衝動購物。
◎ 有效控制購買的食材種類和數量，以免浪費。

Sure Win Tips
進餐習慣篇

學懂選擇原形食材，少吃加工食品
◎ 優先選擇天然、未經加工的食材，如新鮮水果、蔬菜、全穀類和蛋白質。
◎ 加工食品通常含有過多糖、鹽和不健康的脂肪，應盡量避免。

記錄每日進餐記錄
◎ 建立填寫飲食日記的習慣，記錄每天食物攝取量，有助調整食物配搭，識別需要改善的地方。

每週一天 Open Day
◎ 給自己 Treat Day，適量享受喜愛的食物，避免過度節食或長期計劃減磅造成的壓力。
◎ 記得吃得精明，不要一日三餐都是高熱量食物。

盡量少吃炸物及快餐
◎ 炸物和快餐食物普遍高糖、高鹽、高熱量，以及含不健康脂肪，應減少攝取。

小酌怡情，避免過多酒精飲品
◎ 適量飲酒可以放鬆心情，但過量攝取酒精會增加熱量及糖分攝取，宜控制飲用量。

Sure Win Tips
進餐習慣篇

多認識或嘗試不同的健康食物
◎ 果仁和種籽富含健康脂肪、蛋白質和纖維，可增加飽腹感和營養攝取。

◎ 嘗試不同種類，如杏仁、核桃、奇亞籽和南瓜籽等，作為健康零食。

練習慢慢吃、慢慢咀嚼
◎ 仔細咀嚼食物，延長用餐時間，給身體更多時間感受飽腹感。

外出用餐或喜慶節日，淺嘗甜品
◎ 多與家人朋友分享，減少攝取精製澱粉分量。

◎ 假日可適量品嘗甜品，毋須完全避免，注意攝取量便可。

減醣飲食一段時間後，可加入 16/8 間歇性斷食法
◎ 16/8 間歇性斷食法，即每天 16 小時禁食，8 小時進食。

◎ KO 平台期的秘密武器。

有效控制分量，可用 portion plate
◎ 每餐使用同一器皿，有助安排每餐的食物比例。

◎ 保持均衡飲食，豐富營養及多元配搭。

Sure Win Tips
進餐習慣篇

避免吃宵夜
◎ 確保正餐吃足夠，如正餐為減磅節食，轉眼就餓，結果多吃了零食，體重和心情都如在坐過山車。

◎ 避免夜間進食，有效減少熱量攝取。

◎ 睡前 4 小時前進食完畢，有助消化和提升優質睡眠。

慢慢適應少甜、半甜、走甜的習慣
◎ 選擇飲品時記得避免全糖，學習逐步減少糖量。

◎ 可以選擇無糖或低糖飲品，如烏龍茶、綠茶或草本茶。

◎ 將珍珠換成寒天、愛玉或蘆薈等，相對理想。

認識手搖飲品以外的選擇
◎ 自製健康飲品，如羅漢果水、菊花茶和杞子茶，有助補充水分，而且熱量低。

◎ 花茶和清茶有多種選擇，可以根據喜好選擇不同的口味。

Sure Win Tips

運動篇

定下短期及長期目標

◎ 設定具體的減重計劃，包括短期和長期目標。

◎ 制定實際可行的里程，並持之以恆地執行。

嘗試在家開始輕量運動

◎ 在家進行輕量運動，如瑜伽、伸展運動或步行。

◎ 保持規律的運動習慣，有助提高新陳代謝。

嘗試慢步跑或快步走

◎ 慢步跑和快步走都是低衝擊性的有氧運動，有助提高心肺功能。

◎ 在日常生活輕鬆嘗試，有助燃燒卡路里，促進減重效果，千萬不要因為運動而產生壓力。

進一步嘗試重力訓練

◎ 當身體適應輕量運動後，可嘗試增加重力訓練，有助增加肌肉量，提高基礎代謝率。

運動後不要大吃大喝

◎ 運動後適量補充營養，避免過量進食。

◎ 宜選擇高蛋白質和健康的碳水化合物食物，幫助身體恢復。

Sure Win Tips
心態篇

記低減磅重點，時刻提醒自己
◎ 記錄需要注意的事項，有助保持專注和動力。
◎ 將減重目標貼在明顯的地方，時刻提醒自己。

不宜長時間於壓力下工作
◎ 長時間處於高壓環境，會導致壓力荷爾蒙（如皮質醇）上升，影響體重管理。
◎ 定期休息，適當放鬆，減輕壓力。

注重工作與作息規律
◎ 優質睡眠有助身體代謝和恢復體力。
◎ 制定規律的作息時間表，保持身體生物鐘穩定，減少捱夜、工作過度。

將計劃和朋友分享
◎ 與朋友分享減重計劃，關心與鼓勵有助保持動力，可邀請朋友一起建立健康飲食習慣，聚餐時可互相分享食物。

夫妻、情侶間互相鼓勵
◎ 和伴侶共同制定健康目標，互相鼓勵和支持。
◎ 共同進行健康的活動，如一起運動和計劃健康餐點，增進感情之時也能共同達成減重目標。

Sure Win Tips

心態篇

偶爾放空、放鬆一下

◎ 定期放鬆和休息，有助減輕壓力和恢復精神。

◎ 休息是為了走更遠的路。

不要將減磅期望設在短時間受壓下完成

◎ 設定現實可行的減重目標，別給自己過多壓力。

◎ 慢慢達成目標，有助長期保持健康體重。

管理每日使用電子產品的時間，多走動

◎ 減少屏幕時間，多參與戶外活動或運動。

◎ 每天至少走動一段時間，有助提高新陳代謝。

肯定自己的努力

◎ 當達成小目標時，給自己獎勵，如購買喜歡的
小物品或安排短途旅行。

◎ 增強自信心是非常重要的，相信自己「我可
以」。

保持開朗心境

◎ 保持積極的心態，面對挑戰和困難。

◎ 多與朋友和家人分享。

How & What

新手必備三寶

1. 大水樽

隨時隨地記得補充水分是健康生活的基礎。隨身攜帶一個大水樽，能夠幫助你隨時提醒自己喝水。飲水有以下幾個好處：

促進新陳代謝：充足的水分能夠促進新陳代謝。

排毒：有助排出體內的毒素。

保持皮膚健康：充足的水分能讓皮膚保持水嫩，減少乾燥和細紋。

增加飽腹感：在餐前喝一杯水，能夠增加飽腹感，減少過量飲食。

每天記得喝足夠的水，這是保持健康和減重的第一步。（飲水 Formula 詳見 P.119）

2. 體脂磅

每朝空腹磅重是了解自己體重變化的有效方法。體脂磅能夠提供多項指數，如體脂率及肌肉量等，有助更全面地了解自己的身體狀況。通過藍牙連接，可用手機方便記錄和追蹤自己的健康數據。

穩定數據：空腹磅重能夠避免因為飲食和水分攝取引起體重波動，數據更準確。

追蹤變化：記錄體重變化有助了解自己的減重進展，調整飲食和運動計劃。

正確認識體重：體重有加有減，Open Day 或節日後增加 1、2 磅不必感到沮喪，磅數增加可能是水分或肌肉的重量，而非定是脂肪，增加有質量的肌肉也是健康的表現。

3. 正面積極的心情

正面積極的心態是堅持健康生活的重要動力。減重和健康飲食需要耐心和持續的努力，不宜過於急進。

設定長遠目標：不急於求成，設定現實可行的長期目標，逐步達成。

學習與改進：不斷學習健康飲食和運動的相關知識，隨時調整和改進自己的計劃。

享受過程：減重和健康飲食應是愉快的過程，而非壓力和痛苦來源。保持積極的心態，享受每次的進步。

屋企 x1
公司 x1
用飲管慢慢 zip
更有效補充水分

藍芽體脂磅
多項數字供參考

相信自己！
每天一小步用心經營健康，
迎接更美好的自己！

How & What

要持續有效地達成健康減磅計劃，我們每日要提醒自己完成以下的生活細節，並將之成為日常的生活習慣，將會持之以恆地實踐你的健康減磅計劃。

每日記錄食物：記錄每天進餐的食物及攝取量，有助調節煮食配搭。

空腹上磅：每早空腹上磅，了解減磅進程及擬定未來的計劃。

記得飲水：飲水非常重要，有助身體新陳代謝及增加飽腹感。

每日兩份拳頭 size 水果：高纖維食物能增加飽腹感，有助消化系統健康。

多元選擇豐富營養：多選擇不同種類的食物，水果、蔬菜、全穀類、豆類及高蛋白食物，能夠豐富身體所需的營養。

讚賞自己：肯定自己的努力，增加自信心非常重要。

輕鬆運動一下：不妨嘗試進行輕量運動，保持規律的運動習慣，有助提高新陳代謝。開始時可以慢步跑，當身體適應後可配合增加重力訓練，增加肌肉量。

Everyday

記錄食物

空腹上磅

記得飲水

讚賞自己

Today is a new day ♥

多元選擇
豐富營養

每日兩份
拳頭 size 水果

輕鬆運動一下

Chapter 2
精製糖、
精製澱粉及
加工食物的陷阱

Refined Sugar

甜蜜蜜陷阱

甚麼是精製糖？

精製糖是經過高度加工、化學提取淨化過程的糖類，通常包括白砂糖、蔗糖等。這些糖在加工過程去除了天然食物的纖維、維他命和礦物質，只餘下純粹的糖分。精製糖除了甜味，基本上一無是處，又被稱為「空卡路里」。精製糖廣泛存在於各種加工食品、飲料、甜點和零食，常以隱藏形式出現，讓人不經意間攝入過多。精製糖與代謝症候群、脂肪肝、三高等慢性疾病有密切的關係。

因此，在日常飲食中留意不要攝取過多糖分，或選擇含天然糖分食物代替精製糖，絕對是維護健康的重要起步點。選擇天然、未經加工的食物，並養成閱讀食品標籤的習慣，有效管理體重。

Q 精製糖的陷阱

⚠ 成癮性：腦內釋放多巴胺等令人得到短暫的愉悅感，快感過後想再吃，可謂成癮物質。

⚠ 血糖波動：血糖迅速上升，增加胰島素抵抗的風險，可能導致 2 型糖尿病。

⚠ 營養不足：沒有營養價值的「空熱量」，過量攝入而減少對其他營養食物的吸收，容易導致營養不良。

⚠ 增加炎症：容易引起皮膚發炎，破壞彈性纖維及膠原蛋白，易生暗瘡，皮膚暗啞變黃，進一步損害心血管及其他內臟的健康。

⚠ 體重增加：含高熱量，過量攝取導致熱量過剩，再轉化為脂肪，尤其是腹部脂肪，增加肥胖風險。

⚠ 牙齒健康：精製糖是細菌的最佳食物，過量攝入促進口腔細菌繁殖，導致蛀牙和牙齦疾病。

Refined Sugar

精製糖對身體的影響

**BMI 超標
體脂比例上升**

嗜甜成癮

難以集中

增加患上慢性病風險

對正餐失去興趣

情緒起伏大

皮膚變差

增加內臟脂肪

精製糖、精製澱粉及加工食物的陷阱

Refined Sugar

留意以下高甜精製糖食品，開始檢視現有的飲食習慣。

各式快餐飲品、包裝果汁

各式蛋糕、甜點

各式中西麵包

各式雪糕、打卡類甜品

各式醬汁、滷味、湯底

以下的飲品有頻密地出現在你的日常生活嗎？

看清數字，日後會否更懂得精明挑選？

每日糖分攝取上限不多於 50g
（以每日熱量攝取為 2000 kcal 計算）

罐裝汽水 ⚠

每 100ml 含糖約 10.6g
每罐 330ml = 含糖 34.98g

紙包朱古力奶 ⚠

每 100ml 含糖約 10.3g
每盒 250ml = 含糖 25.75g

樽裝果汁 ⚠

每 100ml 含糖約 8.5g
每樽 420ml = 含糖 35.7g

**每杯 650ml
約 70g 糖**

含糖乳酪飲品 ⚠

每 100ml 含糖約 15.1g
每瓶 100ml = 含糖 15.1g

紙包含糖飲品 ⚠

每 100ml 含糖約 9.4g
每盒 200ml = 含糖 18.8g

樽裝含糖飲品 ⚠

每 100ml 含糖約 11.2g
每樽 450ml = 含糖 50.4g

Refined Sugar

乳酪營養豐富，美味又飽肚，

看似健康的背後，原來暗中隱藏高糖陷阱。

高甜乳酪注意

各種添加甜味乳酪
每 100ml 含糖約 13-17g
每杯 200ml = 含糖 26-34g

更健康及低糖選擇

 +

原味無添加糖乳酪　　　　新鮮水果

Natural Sugar

以下是團長之選

日常盡量挑選較健康、無添加糖或含天然糖的飲品。

中式、西式茶

綠茶、抹茶

無糖檸檬茶

無糖咖啡

花茶

自家製花草茶

有汽礦泉水

無添加糖
奶品、植物奶

繁忙工作後，
這兩款是我的
Comfort Drink。

自家製無添加糖
抹茶鮮奶

自家製無添加糖
黑朱古力 Latte

Refined Starch

Q 認識澱粉質

甚麼是精製澱粉質？

精製澱粉是指經過工業高度加工和提純的碳水化合物，這些產品原本來自天然植物（如小麥、粟米、薯仔等），但在加工過程去除了外殼、麩皮和胚芽等含纖維、維他命和礦物質的部分，留下來的主要是純澱粉。

Refined Starch

白飯、白粥

白麵包

曲奇餅、餅乾

蛋糕、甜點

即食麵

牛角包、有餡麵包

其他精製澱粉食物：
炒飯、炒麵、米線、河粉、油麵、饅頭、餅乾、
鬆餅、甜甜圈、丹麥酥、薯片、蝦條、零食、
酥餅、餡餅、早餐粟米片、啫喱、薯蓉、米
通、米餅、各類糖果、即食麥片、中式點心、
Pizza、熱狗等。

 不要灰心！Open Day 還可以偶爾重聚！

YES ✓ NO ✗

🔍 **精製澱粉質的陷阱** 🎤

ALERT 米粒去除外殼和胚芽，失去了大量的纖維、維他命和礦物質，營養價值低。

ALERT 精製澱粉會被迅速被消化和吸收，導致血糖水平波動。

ALERT 熱量多且營養單一，缺乏身體必需的其他營養成分，容易導致營養不均和體重增加。

ALERT 長期大量攝取精製澱粉，同時欠缺運動會增加患上糖尿病、心臟病和高血壓的風險。

Refined Starch

精製澱粉對身體的影響

血糖波幅大

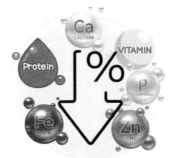

營養價值低

增加肥胖風險

影響心血管健康

影響腸道健康

增加慢性疾病風險

Whole FooD

原形澱粉類食材

將原形澱粉類食材納入日常飲食，可以逐漸替代白米飯和白麵包等精製澱粉食物，能夠更好地管理血糖水平、增加飽腹感、改善消化健康，並降低增加慢性病的風險。

例如：

薯仔 / 番薯　　　　　　　　　山藥

芋頭　　　　　　　　　　　　牛蒡

粟米　　　　　　　　　　　　蓮藕

栗子

紅菜頭

南瓜

豆類

 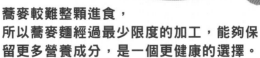

蕎麥較難整顆進食，
所以蕎麥麵經過最少限度的加工，能夠保
留更多營養成分，是一個更健康的選擇。

What to Choose

精明挑選 澱粉質

精製澱粉類 高糖高脂肪加工食物	較少加工澱粉類 原形食材澱粉

 甜麵包    Pizza

薯仔 / 番薯 / 芋頭 / 淮山

 咖喱飯    濃汁醬意粉

 粟米   豆類

 拉麵   即食麵

粗種米

 甜品   炸薯條

 蕎麥麵   穀物麵包

Whole vs Refined

同樣由薯仔製造出來的食物，無論卡路里、碳水化合物、脂肪等數字都有頗大差別。焗薯保留了原形食材的營養價值，低脂肪、低熱量；快餐店的炸薯條營養大量流失，且含高熱量、高脂肪、高鹽分等，多吃會影響健康。

焗薯角

炸薯條

 卡路里：69kcal

 卡路里：320kcal

 碳水化合物：16g

 碳水化合物：43g

 脂肪：0.1g

 脂肪：15g

（每份以100g計算）

（每份以100g計算）

Bread?

減磅期間可以食麵包？

酸種麵包用天然酵母發酵製成，帶有果酸香氣，與使用乾酵母的麵包不同，製作時間也較長。天然發酵產品被認為有利腸道健康，全穀物酸種麵包可提供全穀物營養及發酵帶來的好處。此外，它屬於相對低升糖指數食物，血糖不會急速飆升。

全穀物麵包或歐式麵包較健康的原因：

◎ 含有較多的膳食纖維，增加飽腹感。

◎ 保留了穀物的麩皮和胚芽，含更多維他命、礦物質和抗氧化劑。

◎ 較低升糖指數，有助減少血糖波動。

◎ 通常使用簡單的天然配料，減少人工添加劑和防腐劑，常用橄欖油而非牛油或植物牛油。

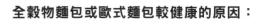

全穀物或有機酸種麵包：

◎ 較高碳水化合物如麵包類，建議早上進食。

◎ 酸種麵包能增加腸道短鏈脂肪酸，有益腸道生態，每次建議不多於 1-2 片。

Eat Less

甜甜又鬆軟的有餡麵包，屬高糖、高脂肪的加工食品，
建議少吃為佳！

丹麥條

吞拿魚包

牛角包

椰絲包

紅豆餅

肉桂提子包

菠蘿包

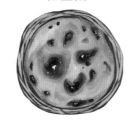

葡撻

腸仔包

西多士

髒髒包

瑞士卷

New Friend
認識新朋友

Q 發芽麵包 Sprouted BREAD

發芽穀物麵包由發芽的全穀物混合而成，通常是小麥、大麥、豆類等。發芽穀物麵包較容易被消化，更容易讓身體吸收鐵和鈣等礦物質，同時是植物蛋白質、纖維、維他命 B 的良好來源，所提供的葉酸也較未發芽穀物麵包為多。

發芽穀物與體重管理的關係

低升糖指數（GI）： 發芽麵包的升糖指數較低，能夠更緩慢地釋放能量，避免血糖急劇升高，以及帶來隨之而來的飢餓感，有助控制食慾和減少進食量。

高纖維含量： 發芽過程增加了穀物的纖維含量，有助增加飽腹感，延長飽腹時間，從而減少攝取過多的熱量。

營養豐富： 發芽麵包含有較高的蛋白質、氨基酸、維他命及礦物質，營養較豐富，能夠提供身體所需的營養，具飽足感避免攝取過多的空熱量食品。

改善消化： 發芽能分解部分穀物的複合碳水化合物和蛋白質，減少對消化系統的負擔，促進良好的消化和吸收。

增強代謝： 發芽過程增加了某些維他命和礦物質的含量，如維他命 B 群，這些營養素對於新陳代謝有重要作用。

New Friend

認識發芽穀物麵包的優點

- 發芽過程能提高穀物的營養價值。
- 含豐富蛋白質、氨基酸、纖維及維他命。
- 能分解抗營養因子,提升礦物質的吸收。
- 能分解部分碳水化合物,較易消化吸收。
- 增加全穀物的抗氧化活性和多酚含量。
- 升糖指數較低,有助維持穩定血糖水平。
- 較歐式麵包及全麥麵包柔軟及濕潤。
- 具有獨特的香氣和口感。

成分參考:
Ingredients:
Organic sprouted grains (whole grain wheat, whole grain oats)
Organic wheat flour
Water
Organic whole grains and seeds (sunflower seeds, sesame seeds, flaxseeds, rolled rye, rolled spelt, oats, pumpkin seeds, millet, rolled oats, black sesame seeds, quinoa, rolled barley, rolled wheat)
Sugars (organic cane sugar and/or organic oat syrup, organic molasses)
Cultured wheat flour (wheat flour, bacterial culture)
Yeast
Sea salt
Organic cultured wheat flour
Enzymes
Ascorbic acid

以下營養標籤以每 2 片發芽穀物
麵包（80g）為量度單位

每日建議所需營養之百分比

Nutrition Facts
Valeur nutritive

Per 2 slices (80 g)
pour 2 tranches (80 g)

	% Daily Value* % valeur quotidienne*
Calories 210	
Fat / Lipides 3 g	4 %
Saturated / saturés 0.4 g + Trans / trans 0 g	2 %
Polyunsaturated / polyinsaturés 1.5 g	
Omega-6 / oméga-6 0.9 g	
Omega-3 / oméga-3 0.2 g	
Monounsaturated / monoinsaturés 0.8 g	
Carbohydrate / Glucides 41 g	
Fibre / Fibres 6 g	21 %
Sugars / Sucres 5 g	5 %
Protein / Protéines 8 g	
Cholesterol / Cholestérol 0 mg	
Sodium 440 mg	19 %
Potassium 150 mg	3 %
Calcium 175 mg	13 %
Iron / Fer 2.5 mg	14 %
Thiamine 0.55 mg	46 %
Riboflavin / Riboflavine 0.25 mg	19 %
Niacin / Niacine 4.5 mg	28 %
Vitamin B₆ / Vitamine B₆ 0.175 mg	10 %
Folate 120 µg DFE / ÉFA	30 %
Pantothenate / Pantothénate 0.7 mg	14 %
Phosphorus / Phosphore 150 mg	12 %
Magnesium / Magnésium 50 mg	12 %
Zinc 1.25 mg	11 %
Selenium / Sélénium 16 µg	29 %
Copper / Cuivre 0.25 mg	28 %
Manganese / Manganèse 1 mg	43 %

*5 % or less is **a little**, 15 % or more is **a lot**
*5 % ou moins c'est **peu**, 15 % ou plus c'est **beaucoup**

卡路里 210
脂肪 3g
飽和脂肪 0.4 g
反式脂肪 0 g
多元不飽和脂肪 1.5 g
奧米加 6 0.9 g
奧米加 3 0.2 g
單元不飽和脂肪 0.8 g
碳水化合物 41 g
膳食纖維 6 g
糖 5 g
蛋白質 8 g
膽固醇 0 mg
鈉 440 mg
鉀 150 mg
鈣 175 mg
鐵 2.5 mg
維他命 B₁ 0.55 mg
維他命 B₂ 0.25 mg
維他命 B₃ 4.5 mg
維他命 B₆ 0.175 mg
葉酸 120 mcg
維他命 B₅ 0.7 mg
磷 150 mg
鎂 50 mg
鋅 1.25 mg
硒 16 mcg
銅 0.25 mg
錳 1 mg

雖然發芽穀物麵包較健康，也是注意進食分量啊！

Q Say No To 加工食物

世衞列出香腸、煙肉是一級致癌物，與香煙及鹹魚同級。
「1類致癌物質」是指對人體有明確致癌性的物質或混合物。
世衞指出，已有證據指出吃太多加工肉類可致大腸癌。

大量添加劑

高糖、

高脂肪、

高鹽分

防腐劑、色素、味精

Processed Food

甚麼是加工食物？

加工食物是指經過改變其原始形態而成的食品，這些改變包括經過不同處理過程，如洗滌、清潔、研磨、切割、切碎、加熱、巴氏殺菌、熱燙、罐裝、冷凍、乾燥、脫水、混合和包裝等。美國農業部（USDA）將加工食品定義為經過上述任何程序，使食物從自然狀態改變的食品。如只是經過殺菌、加熱、乾燥、研磨、發酵，已算是加工食品了。

然而加工食物劃分為不同的種類，例如有些天然食物必須經過某些加工過程才可進食，所以經過「加工」不一定是非健康食品。以下認識一下幾個不同加工食物的類別，更了解各個注意點。

未加工或最低限度加工食物（Unprocessed or minimally processed foods）：此類食品如蔬菜、水果等直接可食用的部分。最低限度加工食物則是經過加工的天然食物，令保存期更理想，如烘烤堅果、研磨咖啡、乾燥蔬菜乾、冷藏肉品等。

加工烹飪的原料（Processed culinary ingredients）：這些原料通過壓榨、精煉、研磨或乾燥等加工方式，應用於日常烹飪和調味如食用油、蔗糖、鹽和醋等。

加工食品（Processed foods）：這類食品是在未加工或最低限度加工食物中添加油、糖、鹽等簡單成分，即第一組與第二組別結合，增加保存期或提升風味，如罐頭食品、麵包、芝士和已調味烘烤堅果等。

超加工食品（Ultra-processed foods）： 這些食品通常擁有複雜的加工程序，並添加大量的鹽、糖、油脂、香料、甜味劑及多種食品添加劑及調味劑，原始食物所佔成分極少，甚至不存在。超級加工食物如：各類零食，雪糕、早餐麥片、餅乾、蛋糕、薯條、公仔麵、微波食品等。

早餐粟米片　　　　炸雞塊　　　　香腸、煙肉

冷凍速食　　　　午餐肉　　　　蛋糕甜點

白麵包　　　　即食麵　　　　微波叮叮即食品

Processed Food

提防加工食物

⚠️ **高糖分**：許多加工食品含有過量添加糖，會增加患上肥胖、糖尿病和其他代謝疾病的風險。

⚠️ **高鹽分**：攝取過多鹽分，容易有機會導致高血壓，增加中風及患上心臟病風險。

⚠️ **高脂肪**：許多加工食品含有不健康的反式脂肪和飽和脂肪，除增加低密度脂蛋白膽固醇（壞膽固醇），更增加身體發炎反應，以及患上心血管疾病的風險。

⚠️ **缺乏營養**：加工食品通常在加工過程中流失大量營養，如維他命、礦物質和纖維，導致營養不良。

⚠️ **人工添加物**：加工食品常含有多種人工添加物，如防腐劑、色素、香料等，長期攝取對健康造成不良影響。

⚠️ **增加肥胖風險**：加工食品通常熱量高及缺乏飽腹感，容易導致過量攝取，增加肥胖的風險。

⚠️ **影響消化系統**：加工食品缺乏纖維，容易導致便秘和其他消化問題。

⚠️ **增加慢性病風險**：長期攝取加工食品增加多種慢性病的風險，如糖尿病、高血壓和某些癌症。

⚠️ **腸道有害細菌增生**：高糖及高脂肪飲食影響整體腸道菌群平衡。

Chapter 3

減重
有助改善三高

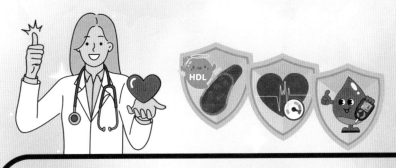

Q 減重與三高的關係？ 🎤

- 直接減少血管壓力，幫助降低高血壓風險。

- 有助減少血管阻塞和僵硬，促進血液流動。

- 能改善胰島素敏感性，有助於控制血糖。

- 有助降低總膽固醇和低密度脂蛋白膽固醇（壞膽固醇）水平。

- 健康的減重方式可以提高好膽固醇水平，促進心血管健康。

體重減輕對於高血壓、高血糖和高血脂的控制有顯著的正面影響。通過均衡飲食、適當運動和健康的生活方式來實現體重管理，可大大提高生活質量，減少慢性病的發生風險。

大家一定好奇，為甚麼減肥書先談不同疾病的風險，而不是注重餐單？我多次強調健康瘦身的第一步是調整心態，學懂選對食物，明白甚麼食物影響健康，清楚明白後才會打開心胸迎接改變，而非盲從餐單充滿壓力地減重。

Hidden Risk

三高（高膽固醇、高血壓及糖尿病）有年輕化趨勢，起因包括不良生活及飲食習慣、飲食失平衡、運動不足及生活壓力巨大，體重不斷上升，如加上煙酒過多，更令三高急劇惡化，成為無形的健康殺手。如情況持續惡化，更有可能併發心腦血管、腎病及肝病等。

高鹽高油高糖飲食

**經常熬夜
睡眠質素參差**

Overweight

高血壓的風險

肥胖問題於各地愈趨普遍，並對心臟、血管健康構成嚴重的威脅，引發可致命的心腦血管疾病。心臟科專科醫生指出，持續並規律地管理體重，有助減低三高——高血壓、高血脂及糖尿病引起的肥胖相關併發症的風險。

經常熬夜
睡眠質素參差

High Cholestrol

進食高油高脂
油炸食物的影響

✖ 吸收大量的油脂。

✖ 油膩、高熱量、高脂肪。

✖ 不利消化，導致體重增加和肥胖。

✖ 含有大量的飽和脂肪和反式脂肪。

✖ 減低血液中高密度脂蛋白膽固醇（HDL）。

✖ 或增加心臟病、中風和高血壓風險。

Cholestrol

認識膽固醇

高密度脂蛋白膽固醇（好膽固醇）

◎ 血管中的清道夫。

◎ 將膽固醇帶到肝臟運化、排泄。

◎ 保護血管健康。

低密度脂蛋白膽固醇（壞膽固醇）

◎ 將膽固醇從肝臟運送到其他器官。

◎ 過多會積聚血管壁，引致發炎反應。

◎ 長期累積令血管阻塞、變硬等。

◎ 心血管疾病風險大增。

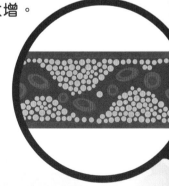

Eat Less

減少進食

高油高脂零食

高鈉、加工食物

高甜飲品

LDL

甜品

炸物

即食麵

快餐

餅乾、烘焙加工食品

Eat More
可多進食

牛油果

三文魚

黑朱古力

亞麻籽

橄欖油

牛油果油

堅果

沙甸魚

HDL

Blood Pressure

高血壓的風險

高血壓有年輕化趨勢，大部分高血壓屬原發性高血壓，可能與遺傳、生活環境、飲食習慣有關。高血壓初期症狀不易被察覺，以下列出一些與日常生活有關的高血壓成因（基因除外），如有以下情況要多加留意，更要定時做身體檢查。

基因

長期吸煙

體重增加

長期攝取大量酒精

高鹽飲食習慣

工作忙碌／缺乏運動

長期受壓

年歲增長

Eat More
可多進食

牛油果

三文魚

藜麥

無糖乳酪

莓類水果

香蕉

田園沙律菜

紅菜頭

火箭菜　菠菜　羽衣甘藍　羅馬生菜

Blood Sugar

高血糖的危機

長期攝取過多糖分有以下影響：

 引發胰島素抵抗和 2 型糖尿病。

 內臟脂肪堆積，增加心臟病和代謝綜合症的風險。

 增加低密度脂蛋白膽固醇（LDL），即認知的壞膽固醇。

 導致三酸甘油酯水平升高，三酸甘油酯是存在於血液的一種脂肪。

 降低高密度脂蛋白膽固醇（HDL），即認知的好膽固醇。

 促進體內炎症反應，慢性炎症是心臟病和損傷血管內皮細胞，引發動脈硬化，是心臟病和中風的前兆。

 降低血管的彈性和韌性，增加血液循環系統的壓力。

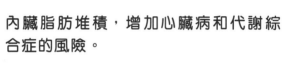 導致熱量攝取過多，體重增加，同時增加心血管疾病風險。

Glycemic Index

q

甚麼是血糖？

a

血糖是指血液中的葡萄糖，消化後的葡萄糖由小腸進入血液，輸送到身體各個細胞，是身體主要的能量來源。

q

甚麼是升糖指數？

a

升糖指數 Glycemic Index (GI)，又稱血糖生成指數，以量度進食含碳水化合物（醣質）食物後，血糖水平升高速度。數值愈高，血糖上升愈快。

認識較低升糖指數（GI）食物的好處：

✓ 避免血糖劇烈波動，穩定血糖水平。

✓ 提高胰島素敏感性，有助預防糖尿病。

✓ 延長飽足感，避免進食過量。

✓ 降低低密度膽固醇（壞膽固醇）。

✓ 提供持續穩定的能量，減少疲勞感。

Glycemis Index Foo

認識不同升糖指數（GI）食物，明白如何配搭每餐的食物。

高
白飯、糯米、白麵包、粟米片、白糖、蜜糖、白粥、饅頭、薯蓉、西瓜、菠蘿、糕點、甜品、拉麵、加工食品等

中
烏冬、綠豆粉絲、米粉、紅米飯、糙米飯、全蛋麵、奇異果、香蕉、蔗糖

低
藜麥、意粉、燕麥、全麥麵包、黑朱古力、番薯、薯仔、鷹嘴豆、果仁、海鮮、雞蛋、奶類製品、無糖乳酪、綠色蔬菜、肉類、全穀類原形食物等

升糖指數

Low GI Fruits

水果有天然果糖，減磅減脂期間可適量吃，以下是相對低升糖的水果選擇。

蘋果

蜜桃

莓類水果

西柚

西梅

牛油果

梨

檸檬

You Must Try

由今天起，不妨試試以下三款水果，對你身體有不同的好處。

紅石榴的熱量和脂肪含量低，有豐富的膳食纖維、鈣、磷、鉀等礦物質，重要的維他命如B_1、B_2、C及胡蘿蔔素、花青素等，具有超強抗氧化能力、減少腎結石、對抗阿茲海默症等多種功效，提高免疫力，保護心血管健康，促進消化及減少自由基對細胞的損傷。

芭樂是一種膳食纖維豐富的水果，升糖指數較低，適合血糖關注人士食用。另外含有維他命 A 和 C，以及多種抗氧化劑，有助提高免疫力。芭樂還含有豐富的鉀、鎂、銅和錳，有助支援心臟健康。

百香果香氣濃郁、味道酸甜，富含膳食纖維、鉀、維他命 C、維他命 A、鐵質、蛋白質等多種營養成分，具有提高免疫力、抗氧化、保護心血管、預防眼疾、預防便秘、控制血糖等等功效。

Chapter 4

減醣概念班：
又飽又減磅的原理

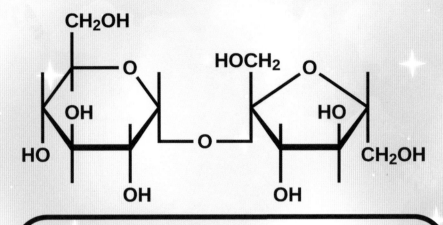

甚麼是醣？

「醣」是所有產糖食物的通稱，即「碳水化合物」。「醣」和「糖」不同的是「糖」通常是吃起來具有甜味，例如果糖、蔗糖、葡萄糖等。「醣」則按照分子結構分為纖維、多糖、寡糖、雙糖、單糖，嘗起來不一定有甜味，例如麵包、米飯、麵、薯仔等，經消化分解後轉化為葡萄糖。纖維是難以完全消化的多醣類，主要存在於蔬菜和全穀類，均衡攝取各類醣類有助維持血糖穩定和身體健康。

新陳代謝是複雜的過程，人類透過食物攝取營養，當中提供熱量如醣類、蛋白質、脂肪等；不提供熱量的如礦物質、維他命等。多元及豐富均衡的營養，能供人體正常運作及保持新陳代謝運作正常。

Low Carb Diet
低醣飲食法的原理

「低醣飲食」是透過降低碳水化合物的攝取量，燃燒體內的脂肪儲備，達到高效的減重效果。

當碳水化合物的攝取量降低時，蛋白質和脂肪的攝取量會相對升高，足夠的蛋白質和脂肪能提供飽腹感之餘，亦令血糖水平較為穩定，從而減少因低血糖而帶來的飢餓感覺，減少進食分量，令吸收的總熱量減少。

當碳水化合物攝取量低時，血液中胰島素的運行穩定，身體囤積脂肪的速度同時減低。當身體脂肪減少而配合健康飲食，可減少患上因肥胖而引致的疾病。

Q 甚麼是減醣飲食？

「減醣飲食」是減少食物中碳水化合物攝取量的飲食形態。一般人飲食中的碳水化合物比例超過 50%，低醣飲食的飲食比例，將碳水化合物（醣類）控制在 25-45%，減少精製麵包、米飯、麵條、糖和某些高糖水果等高碳水化合物食物攝入；蛋白質攝取約在 25-40%，其餘是脂肪。

Low Carb Diet

日常進行減醣飲食，
為身體帶來以下好處：

1. 體重減輕：減少碳水化合物攝入，使身體轉向燃燒脂肪作為能量來源，有助減少體脂並有助落磅。

2. 控制血糖：減少碳水化合物攝入可穩定血糖水平及血糖波幅，對血糖指數關注人士特別有幫助。

3. 改善心血管健康：懂得選擇原形澱粉類食材，以及少吃高油高脂高甜食物，學會攝取適量優質油脂，有助提升高密度脂蛋白膽固醇（HDL）水平，有助改善心血管健康。

4. 減少飢餓感：高蛋白質和補充足夠脂肪飲食有助持續及增加飽腹感，減少過度飲食和對零食的慾望。

5. 減少內臟脂肪：減醣飲食配合運動，有助減少內臟脂肪。內臟脂肪是指堆積在腹腔內部、包圍內臟器官的脂肪，與皮下脂肪相比，它更容易引發各種健康問題。

6. 提高能量水平：高醣飲食常在進食後引發「飯氣攻心」的現象，使人感到昏昏欲睡。減醣飲食可以穩定血糖水平，避免血糖波動帶來的疲勞感和能量下降。

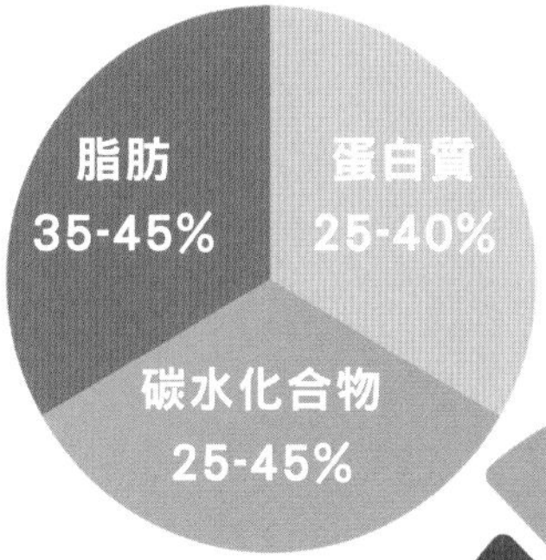

脂肪
35-45%

蛋白質
25-40%

碳水化合物
25-45%

減醣飲食的
食物比重

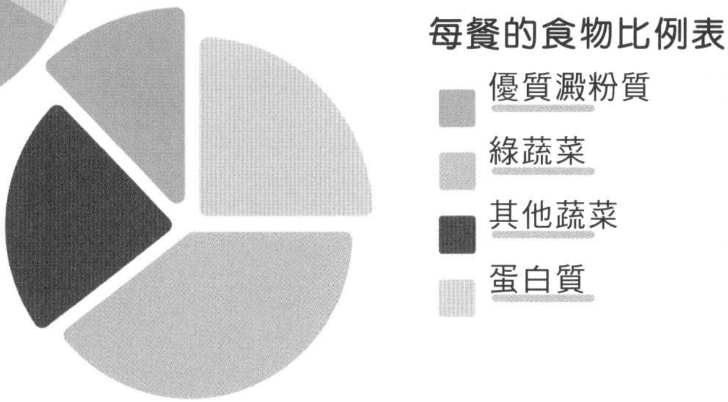

每餐的食物比例表

優質澱粉質

綠蔬菜

其他蔬菜

蛋白質

團長飽肚之選

無糖檸檬茶

牛油果
酸種包
芝士

玉子燒

堅果

無糖乳酪＋水果

雞肉

蔬菜

Low Carb Diet

十大減醣飲食原則

1. 挑選多元化的食材，營養均衡

注意攝取均衡的營養，避免重複吃單一的食物，以及短期內進取地減少進食分量；過度偏吃某種食物會令身體營養不足。

2. 多吃原形食物

原形食物是指可直接看到食物未加工的原貌，如蔬菜、原塊肉類等，這些食物毋須標示成分也大概知道其來源，原形食物沒有經過外物添加或揉合來改變形態。

3. 攝取優質蛋白質

蛋白質主要促進人體生長發育和修補身體組織，例如支援肌肉、頭髮及指甲健康等等。肉類、豆類、奶製品、蛋類等食物是很好的蛋白質來源。

4. 選擇優質澱粉，盡量避免攝取精製澱粉

減醣飲食並非戒掉所有澱粉質，我們必須聰明地選取優質不經加工的澱粉，如原形五穀根莖類、藜麥、糙米、南瓜、番薯、蘿蔔、馬鈴薯等優質選擇。至於經加工的精製澱粉如白米、米粉、麵條、麥片等可減少進食。

5. 攝取優質油分或脂肪

很多減肥人士聽到「油」及「脂肪」就避之則吉，脂肪是身體製造荷爾蒙的重要元素，若油脂攝取不足，可能引致女性荷爾蒙失調；油脂可促進維他命 A、D、E、K 吸收。維他命 A 與免疫力有關；維他命 D 促進鈣質吸收；維他命 E 有助抗氧化；維他命 K 的功能是合成、活化凝血機制。若長期油脂攝取不足，令脂溶性維他命不能好好被吸收，可能導致免疫失調、鈣質吸收不足等。我們需挑選優質脂肪如天然的油脂，包括堅果、奇亞籽、亞麻籽、橄欖油、雞蛋、肉類脂肪等；反式脂肪則應避免。

6. 進食適量纖維

每日增加攝取不同的綠葉蔬菜（如羽衣甘藍、菠菜、菜心、小棠菜等），以及其他顏色的蔬菜（如三色甜椒、番茄、茄子、菇菌類等）的進食量。

7. 不捱餓，每餐（特別是午餐）吃得飽

每餐吃得飽足可持久地堅持下去，身體會更健康。午餐尤為重要，如果午餐的食物配搭及分量吃得正確，有效減少晚餐的飢餓感。晚上的消化時間較短，如午餐吃得飽足，晚餐只吃蔬菜及適量蛋白質也不會於睡前感到飢餓。

8. 避免進食精製糖

精製糖是非食物本身的天然糖分，而是以加工方式精製的加工糖，因製煉條件或程度不同分為白砂糖、黃砂糖、冰糖、黑糖、紅糖、粟米糖漿等。日常應避免吃過多坊間選用精製糖製作的麵包、蛋糕及糖果零食等。

9. 攝取足夠水分

每天必須攝取足夠的水分，可促進身體新陳代謝，有助排毒減重、改善便秘。

按個人體重（kg）× 40ml 來計算，舉例如體重是 60 kg ，建議每天攝水量為 60×40ml=2,400ml（毫升）。

10. 保持輕鬆的心情，不要抱有任何壓力

減肥是長久實行的事，不要給自己太大壓力。整個落磅計劃並沒有固定餐單，只要認識食物的配搭，可輕鬆及持續性地進行。每週給予自己一天 Open Day（開放日），進食自己喜歡的食物，讓身心有調整空間，休息過後再走更遠的路。如達到自己設定的短期目標，不妨獎勵一下自己，為自己帶來成功及愉悅感。

Low Carb Diet

減醣飲食重點

蛋白質

原形食材澱粉質
（詳見 p.60）

蔬菜

脂肪 35-45%	蛋白質 25-40%
碳水化合物 25-45%	

優質油脂

健康飲食 = 無啖好食

很多朋友剛開始低醣飲食時，都經常苦惱迷惘，到底應該吃甚麼？有些朋友更是「無飯家庭」，上班已很勞累，平日不煮食到餐館解決一日三餐；有些則不想放棄社交生活而欠缺動力開始，或總是認為減磅一定「無啖好食」，所以將體重管理計劃無限擱置……事實上，只要你揀得聰明，食得開心，健康飲食絕對可以成為令你滿足的習慣。

我經常強調，低醣飲食落磅計劃是一個人性化的減重方法，不單止能吃得豐富，而且也可在外進餐，如常和親友聚會而不覺為難或感到壓力。只要按照我提到的低醣飲食原則，挑選自己適合的食物，學懂選擇後飽住落磅絕對不是夢。

有啖好食的飲食原則及要點

1. 多樣化的食材選擇

健康飲食的第一步就是選擇多樣化的食材。不同的蔬果、全穀類、蛋白質來源（如魚類、雞肉、豆類）等，都可以豐富你的餐單。這樣不僅能滿足身體所需的營養，還能增加口感的變化，令每餐都有新鮮感。

Healthy Eating

2. 善用香料和草本食材

健康飲食不等於淡而無味。香料和草本植物是增加食物風味的好幫手，例如大蒜、薑、花椒、薑黃、八角、薄荷、迷迭香等，不僅可以提升食物的味道，還有很多健康益處。

3. 適量的享受

健康飲食並不等於完全放棄喜歡的食物，適量地享受你喜愛的食物，才能保持心理和生理的平衡，例如偶爾吃點黑巧克力、喝一小杯紅酒，都是帶來愉悅的一部分。關鍵在於適量和平衡，而不是完全戒掉。

4. 自己動手做美食

自己動手做健康美食，既可以掌控食材的新鮮度、鹽糖油的分量和烹調方法，還能享受當中的樂趣。學會幾道拿手的健康菜式，既能滿足口腹之慾，又能分享給家人朋友，一舉兩得。新手入門不敗食譜，詳見《低醣飲食生活提案 1-3》。

5. 外食選擇

即使外出用餐，只要懂得選擇，避免外食陷阱，也可以保持恆常的社交生活。

◎ 挑選提供健康菜式的餐廳。

◎ 選擇使用健康烹調方式的菜式。

◎ 多吃蔬菜、蛋白質類食物。

◎ 少選高脂、高油鹽糖菜式及加工食品。

◎ 少吃醬汁類食物。

◎ 選擇低糖或無糖飲品。

◎ 不要點選過量食物。

◎ 不用擔心與同伴分享澱粉類食物或甜品，注意分量即可。

減磅有飯食？

To Eat or Not To Eat?

- ? 一定要戒飯才能減磅。
- ? 碳水化合物會導致體重增加，因此要戒掉。
- ? 坊間過度強調「戒碳水」或「低碳水」飲食，誤以為這是唯一有效的減肥方法。
- ? 誤以為減少或戒掉飯是一種快速減少熱量攝取的方法，卻忽視了整體飲食結構的平衡性。

> 減肥並不需要完全戒飯，關鍵在於控制總熱量攝取，選擇健康的碳水化合物，並保持均衡的飲食結構，才能在不影響健康的前提下，達到飲食滿足及持久的減肥效果。

Yes or No?

成日聽人講：「想減肥？戒飯先啦！」

無飯食？

我情願唔減啦！

其實係咪真㗎？

無飯食

我會頭暈喎！

無飯食

唔夠飽㗎喎！

YES!

NO!

Solution

易胖		較理想

高升糖、高熱量
飽足感短暫

較低升糖，豐富膳食纖維
飽足感持續

全白米

 薏米

 小米

 糙米

 藜麥

 原片燕麥

 紅米

 其他多穀米

Solution

踏出調整第一步

小米 /
藜麥 /
燕麥

其他多穀米

泰國香米或珍珠米
建議添加少量印度米

添加小米
◎豐富營養
◎較低升糖
◎易消化，長幼皆宜

添加藜麥
◎豐富膳食纖維
◎較高蛋白質
◎較低升糖

保留白米
慢慢適應

Solution

認識新朋友
印度香米 Basmati Rice

印度香米
擁有獨特的香氣和較豐富的營養價值

1. 升糖指數較低,適合需要控制血糖人士進食。
2. 富含膳食纖維,支持消化系統健康,預防便秘,促進腸道蠕動。
3. 含有多種重要的維他命和礦物質,如維他命B群、鎂、鐵和鋅。
4. 未經打磨乾淨的 Basmati Brown Rice(印度糙米),膳食纖維更豐富。
5. 煮法跟一般米相同,初接觸時可混入白米同煮。

如果在超級市場看見印度香米,不妨一試!

陳爸爸的愛心早餐——淮山海參杞子小米粥。

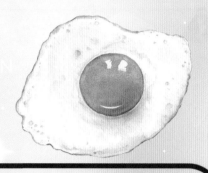

🔍 蛋白質與體重管理的關係 🎤

增加飽腹感：減脂減重期間進食足夠蛋白質，能夠持續飽腹感，減少飢餓感及對零食的渴望，有助控制總熱量攝取，是體重管理旅程的好幫手。

提高新陳代謝：攝入蛋白質能促進身體新陳代謝，因為蛋白質需要更多能量來消化和代謝，促進脂肪燃燒，有助有效落磅。

維持肌肉質量：在減醣飲食中，蛋白質攝取量增加有助維持和增強肌肉質量，對於減肥和保持代謝率至關重要。肌肉質量好，身體燃燒卡路里的能力更佳，對體重管理非常重要。

在減肥期間，攝取足夠而優質的蛋白質至關重要，是組成細胞的重要元素，也能提供所需的能量。蛋白質攝取不足會導致脫髮、指甲變脆弱和月經不調等健康問題。因減重效果不明顯而過度節食，使身體進入自我保護機制，減少非生命必要功能的營養供應。

Protein

足夠蛋白質
持續飽足感＋維持肌肉量

動物蛋白：
肉類、海鮮、奶類、蛋

奶

海鮮

魚類

貝殼類

白肉

紅肉

芝士

雞蛋

植物蛋白：
豆類製品、豆類、堅果、全穀根莖類

種子類

堅果類

豆類

豆類製品

豆腐

Protein

以下是豐富蛋白質之選，餐膳中不妨多選配，成為日常食材。

牛扒 100 g：
蛋白質 21 g

三文魚柳 100 g：
蛋白質 20 g

豆腐 100 g：
蛋白質 8 g

一隻大蛋：
蛋白質 7 g

雞胸肉 100 g：
蛋白質 25 g

雞髀／雞扒 100 g：
蛋白質 22-23 g

蝦 10-12 隻（100 g）：
蛋白質 23-24 g

南瓜籽 2 湯匙：
蛋白質 5-9 g

奶 1 杯（250ml）：
蛋白質 7 g

乳酪 1 杯（150ml）：
蛋白質 7 g

芝士 1.5-2 塊：
蛋白質 7 g

Protein

豐富蛋白質之日常食材

豆漿

奶

乳酪

豆腐

雞胸肉

雞髀 / 雞扒

豬肉

紅肉

三文魚柳

貝殼類

魚類

蝦

豆類

吞拿魚

堅果類

種籽類

Calculation

減脂落磅入門版的蛋白質攝取量：
適合 BMI 18.5 -22.9 人士

體重 kg **1.3 g -1.5 g 蛋白質**
減約 10 g 碳水化合物食物中的蛋白質

例子：體重 60 kg
60 x 1.3 - 10 = 68 ÷ 7* = 9.7 份
60 x 1.5 - 10 = 80 ÷ 7* = 11.4 份
即每日可攝取大約 10-12 份蛋白質

" 營養師 **SYLVIA** 提提您

*1 份蛋白質 ＝ 7 g
#1 份碳水化合物 ＝ 10 g
每 10 g 碳水化合物中含約 1 g 蛋白質

 "

Calculation

減脂落磅入門版的蛋白質攝取量：
以調整後體重計算
適合 BMI 超過 23 人士計算

 先找出：

1. 理想體重 IBW

   = 身高 m X 身高 m X 22（女）

   = 身高 m X 身高 m X 24（男）

2. 多餘體重：現時體重 ▬ 理想體重

3. 調整後體重：IBW ➕ 多餘體重的 25%

例子：身高 164cm ，體重 70kg

1. 理想體重 IBW

   = 1.64 X 1.64 X 22 = 59.17kg（女）

2. 多餘體重： 70 - 59.17 = 10.83kg

3. 調整後體重： 59.17 ＋ 2.7 = 61.8kg

 每日蛋白質攝取以 61.8kg 計算

Protein

以下每份食物含 7 克蛋白質，日常進食時可選配：

食物種類	重量	簡易分量
豬、牛、羊、雞、鴨、鵝（淨熟肉計）	38 克	4 片或一件體積（如 1 隻大麻雀牌大小）
雞髀	38 克	1/3 隻
雞蛋	60 克	1 隻（大）
蛋白	75 克	2 隻（大）
魚柳（生）	45 克	1 件（6 × 6 × 1 厘米）
紅衫魚（生）	45 克	1/3 條（23 厘米長）
鯇魚（生）	45 克	2.5 厘米闊
三文魚 / 鯖魚	35 克	1/3 件
罐裝水浸吞拿魚	30 克	1 大湯匙
蝦（生）	35 克	4 隻（中）
帶子（生）	60 克	4 隻
蟹肉	40 克	40 克
硬豆腐	100 克	1/3 磚
鹽滷豆腐	80 克	1/3 磚
腐皮（乾）	15 克	1 1/2 片
素雞	50 克	1/2 條
天貝（tempeh）	35 克	35 克

新豬肉（純植物肉碎）	56 克	1/5 包
植物雞條	35 克	35 克
黃豆（熟）	42 克	4 平湯匙
鷹嘴豆（熟）	90 克	1/3 杯
紅腰豆（熟）	90 克	1/3 杯
扁豆（熟）	80 克	2/5 杯
無糖豆漿	240 毫升	1 杯
牛奶（全脂 / 低脂 / 脫脂）	240 毫升	1 杯
低脂芝士	30 克	1 1/2 塊
低脂茅屋芝士	60 克	1/4 杯
原味希臘乳酪（全脂 / 低脂 / 脫脂）	70 克	1/3 杯
原味乳酪（全脂 / 低脂 / 脫脂）	140 克	2/3 杯
杏仁	30 克	25 粒
合桃	44 克	23 粒
葵花籽	40 克	1/4 杯
花生	28 克	1/5 杯
花生醬 / 杏仁醬	30 克	2 湯匙

資料提供：顧問營養師林思為

🔍 飲水的重要性

⭐ 促進新陳代謝：水有助提升身體的新陳代謝速度，時常記得補充水分可減少飢餓感。

⭐ 排毒功能：水有助身體排出毒素，維持體內清潔。

⭐ 改善便秘：充足的水分能軟化糞便，促進腸道蠕動，改善便秘問題。

⭐ 滋養皮膚：水分能保持皮膚水潤度，活化細胞，減緩老化，預防乾燥和脫皮，讓皮膚更有光澤和Q彈感。

⭐ 防止浮腫：多喝水能稀釋體內的鹽分，減少身體製造額外水分的需求，從而避免浮腫。

⭐ 調節體溫：水分可以調節體溫。當天氣炎熱時，身體會透過排汗來散熱，保持涼爽。

⭐ 支持心血管健康：充足的水分有助保持血液的流動性，降低血液濃稠度，降低心血管疾病的風險。

Water

平日建立飲水的習慣

成人一天喝水量公式

Weight (kg) 40 ml

例子：
如體重 50kg，
每天的喝水量應是 2,000ml
50kg x 40ml = 2,000ml

Calculation

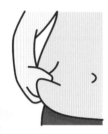

Daily Water Intake
for
Weight Loss

飲水有助減磅，立即計一計

Example

75kg x 40ml = ?? ml

Example

90kg x 40ml = ?? ml

有沒有算到自己
每天要飲多少毫升水？

How & When

飲水妙法

- 避免口渴才喝水。
- 最好每小時喝一杯。
- 飲暖水，避免太燙或太冰冷的。
- 早晨空腹喝 200ml 溫開水。
- 使用飲管幫助多喝水。
- 大口大口地喝水，水會快速通過身體，容易引起便意。
- 慢慢飲水，讓身體有時間吸收和感受水分的補充。

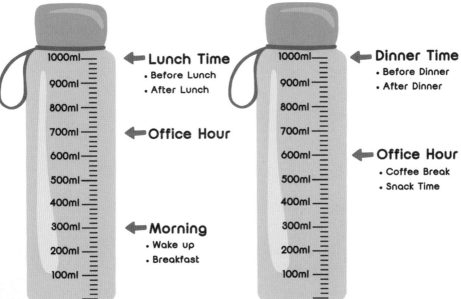

Lunch Time
- Before Lunch
- After Lunch

Office Hour

Morning
- Wake up
- Breakfast

Dinner Time
- Before Dinner
- After Dinner

Office Hour
- Coffee Break
- Snack Time

No Good
飲水方法

常飲冰水

一次飲大量水

睡前喝太多水

口喝先飲水

Weight (kg) 40 ml

記得飲足夠水

以下飲品可免則免：

手搖飲品

高甜飲品

不計入每日飲水量 不計入每日飲水量

濃湯

酒精飲品

Chapter 3
挑選
健康食材攻略

彩虹飲食概念

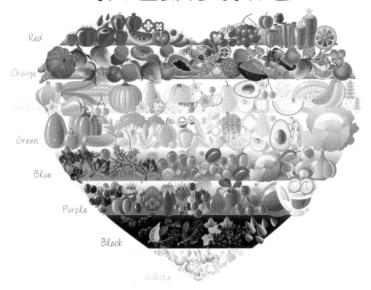

彩虹飲食是一種以鼓勵大家每日攝取多種顏色、多樣化食物為基礎的概念,將食物分成紅、橙、黃、綠、紫藍、黑、白啡等不同顏色,提供全面且多元化的營養素、礦物質及抗氧化劑等,以維持健康的身體,同時降低患上慢性病的風險。每天建議最少攝取約 5 種不同顏色食物,並盡量以原形食物為主。

紅色食物:番茄、紅菜頭、紅椒、蘋果、土多啤梨等。

橙色食物:紅蘿蔔、南瓜、木瓜、芒果、橙等。

黃色食物:檸檬、粟米、菠蘿、黃椒等。

綠色食物:菠菜、牛油果、西蘭花、青瓜、奇異果、羽衣甘藍、芹菜等。

紫 / 藍色食物:茄子、藍莓、紫葡萄、紫椰菜、紫番薯等。

黑色食物:木耳、黑豆及黑芝麻等。

白 / 啡色食物:蘑菇、洋蔥、大蒜、椰菜花等。

Preparation
買餸備餐清單

綠葉菜、瓜類、豆類

其他顏色蔬菜

根莖類蔬菜（原形澱粉類）

Preparation

團長每週儲糧 pick

網上購物是忙碌一族的好幫手！
Online 買餸清單：
急凍肉類、海鮮、蔬菜
米、粗糧米
種籽、堅果
罐頭類（豆、沙甸魚、吞拿魚）
橄欖油、芝麻油、牛油果油

雞：全雞、雞扒、雞鎚、雞柳、雞胸肉等

海鮮：蝦、帶子、蜆子、蠔、鮮鮑魚等

魚：三文魚、比目魚、銀鱈魚、鯖魚、鯰魚柳、各類淡水魚及鮮魚等

牛：牛扒、牛仔骨、牛柳粒、火鍋牛肉片、牛肉碎等

豬：豬肉、排骨、豬扒、火鍋腩肉片等

其他：羊架、羊肉片、鴨胸等

🔍 餐桌常見之**發酵四寶**

經常吃發酵食物，無論對減脂或健康均有不少益處。

⭐ 富含益生菌，幫助平衡腸道菌群生態。

⭐ 豐富的酵素促進腸胃道蠕動，幫助消化。

⭐ 有些發酵菌種有助降血脂及穩定血壓。

⭐ 發酵食物分子小，容易被消化吸收。

⭐ 發酵可提升食物的營養價值。

* 例如：納豆的維他命 K 含量，比煮熟的大豆高出 120 倍。

自製發酵食品要注意衛生，防止有害菌滋生；某些發酵食品含有較高的鹽分或糖分，應適量食用；發酵食品需適當儲存，避免變質。有些人可能對發酵食品的成分過敏如大豆，挑選時要格外小心。

Kimchi

泡菜

泡菜的營養價值如下：

- ✓ 含多種有益腸道的益生菌。
- ✓ 幫助改善腸道微生物生態平衡。
- ✓ 增加腸道好菌。
- ✓ 促進腸胃蠕動、幫助消化。
- ✓ 含膳食纖維、維他命與礦物質。
- ✓ 有助抗氧化、降低身體發炎反應。
- ⚠ 鈉含量高，要注意食用分量。

Kimchi

泡菜

大白菜　白蘿蔔　韭菜　蝦醬　糖　蘋果　鹽　魚露　薑　蒜頭　辣椒粉

材料：
大白菜、白蘿蔔、葱或韭菜、薑、蒜、鹽、
辣椒粉、魚露、蝦醬與蘋果（可省略）

Kimchi

泡菜

泡菜可製成以下不同款式的食品，為你每日帶來驚喜。

配菜

泡菜豆腐湯

韓式拌飯
（可轉椰菜花
做飯底）

泡菜薄餅

韓式飯卷
（少飯、
多菜及蛋絲）

火鍋湯底

Miso

味噌

味噌的好處如下：

- ✅ 含植物蛋白質，是人體所需的氨基酸。
- ✅ 主要含米麴霉益生菌，有助腸道健康。
- ✅ 有助抗氧化，減少身體發炎反應。
- ✅ 富含多種維他命及礦物質。
- ✅ 有助預防心血管疾病。
- ✅ 建議選擇「低鹽」版本。
- ⚠️ 高血壓和患腎病人士宜注意鈉的攝取量。

Miso

味噌

淡味味噌
混合米麴、麥麴製成，顏色帶米黃色，味道濃淡適中。

白味噌
熟成時間最短，顏色呈現奶油色，質感醇厚、鹽分較低，味道溫和。

紅味噌
以黃豆和豆麴製成，紅味噌發酵時間最久，味道較重且豆味濃郁。

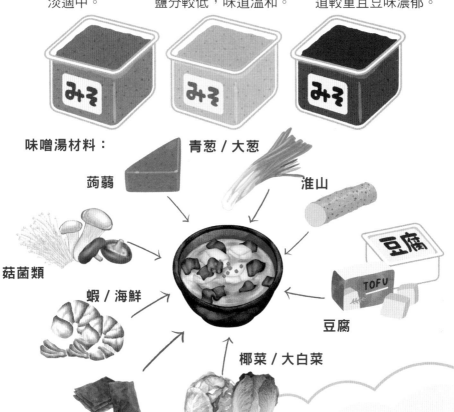

味噌湯材料：

蒟蒻

青蔥／大蔥

淮山

菇菌類

蝦／海鮮

豆腐

TOFU

豆腐

紫菜／海帶芽

椰菜／大白菜

加入雞蛋輕易變成味噌蛋花湯！

Natto

納豆

納豆的好處如下：

✅ 富含植物蛋白質，持續飽足感。

✅ 富含膳食纖維，促進消化及腸道健康。

✅ 含大豆皂苷，有助抗氧化和抗炎。

✅ 含豐富的鈣、鉀、鎂、鐵、鋅等礦物質。

✅ 納豆激酶有助降低血壓和預防心臟病。

✅ 含有對心血管健康有益的不飽和脂肪酸。

⚠️ 正服用抗凝血、降血壓、甲狀腺藥物人士須留意。

Natto 納豆 超級早餐
Super Breakfast

MENU

納豆配即食豆腐

牛油果焗蛋

田園沙律

酸種麵包一片

自選果仁

自選水果

值得一試：「超有營 勁飽肚」配搭

納豆與豆腐含有豐富的植物蛋白，加入雞蛋一隻已能最少攝取 3 份蛋白質。牛油果富含膳食纖維及健康好油脂，增加及持續飽足感，麵包愛好者可多加一片酸種麵包，滿足度 Up！同時大大減少口痕零食癮！

ShioKoji

鹽麴

鹽麴的好處如下：

✅ 鈉含量比食鹽低。

✅ 含豐富酵素及益生菌。

✅ 擁有獨特的甜、鹹及鮮味（Umami）。

✅ 天然提味劑，幫助食材釋出風味。

✅ 製作過程簡單。

✅ 於料理時廣泛使用。

💡 建議與一般食鹽交替使用。

ShioKoji

鹽麴

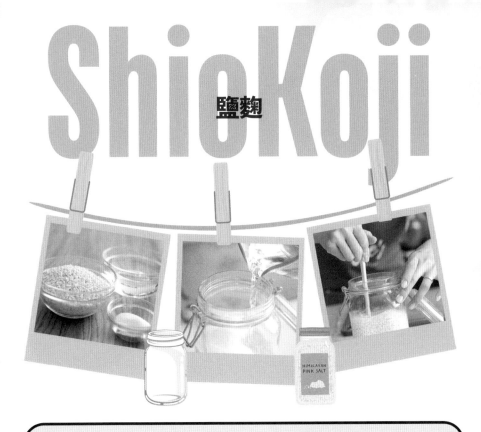

1. 準備一個密封玻璃樽，消毒、烘乾備用。

2. 按包裝指示，將米麴及海鹽放入已消毒玻璃樽。

3. 加入飲用水，用乾淨湯匙攪拌。

4. 隨後 7-10 天，每天開蓋攪拌，

直至糊化成稀粥狀（似潮州粥），適用取代鹽使用。

＊鹽麴及醬油麴食譜可參考
《低醣飲食生活提案 3 － 健
康瘦身餐》p.92 及 127。

ShioKoji

鹽麴

鹽麴適用於以下不同的料理。

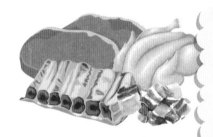

適用於醃製
各式肉類

用於醃製蔬菜

適用於煎魚、蒸
魚或海鮮料理

煎牛扒時取代鹽
提鮮

Chapter 6

倩揚 10 選，
健康滿分

🔍 倩揚 10 選 Superfood 🎤

超級食物是指高營養密度高的食物,同時含有大量有益健康的元素,如多種礦物質、維他命和抗氧化劑,齊來認識超級食物對身體的好處。

⭐ 高營養、密度高的食物。

⭐ 含有大量有益健康的礦物質。

⭐ 含多種維他命,為身體補給均衡的營養。

⭐ 所含的抗氧化劑減少因自由基對身體的侵害。

⭐ 穩定血糖,並帶來飽足感。

將超級食物經常納入日常膳食餐單是理想的,大家可以多認識及多嘗試不同的配搭。整體飲食切記講求健康均衡,不應因為某種食物有益而只專注於個別食物。以下分享倩揚廚房 10 款日常 Superfood,為你的健康飲食提供優質選擇。

Egg
雞蛋

- ✅ 優質蛋白質的極佳來源，包含必需氨基酸。
- ✅ 優質蛋白質有助肌肉生長和修復。
- ✅ 能增加飽腹感，減少總熱量攝入，有助體重管理。
- ✅ 含有多種維他命，包括維他命 A、B_2、B_6、B_{12}、D 和 E。
- ✅ 富含重要礦物質，如鐵、鋅、鈣、磷和硒。
- ✅ 含有抗氧化劑如葉黃素，有助保護眼睛健康。
- ✅ 不妨於早餐或午餐安排雞蛋，以補充營養。
- ✅ 倩揚最愛：玉子燒（參考《健康輕鬆飽住瘦——低醣飲食生活提案》p157）。

Avocado

牛油果

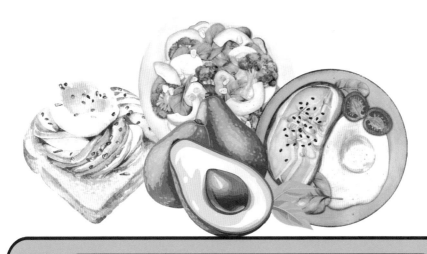

- ✅ 含豐富的單元不飽和脂肪，有助預防心臟病及降低血壓，對心血管系統有益。
- ✅ 提升高密度脂蛋白膽固醇（HDL，好膽固醇）；降低低密度脂蛋白膽固醇（LDL，壞膽固醇）。
- ✅ 有助緩解關節炎，防止軟骨溶解及修復的功效。
- ✅ 油脂豐富，維持飽腹感，以防進食的欲望。
- ✅ 早餐、午餐或下午茶皆適合食用。
- ✅ 倩揚最愛：黑豆牛油果藜麥沙律（參考《低醣飲食生活提案 3——健康瘦身餐》p148）。
- ⚠️ 牛油果含維他命 K，正服食薄血藥人士需慎吃，以免影響凝血功能。

Kale

羽衣甘藍

- 高含量抗氧化劑，有助對抗自由基，延緩衰老。

- 富含纖維和水分，羽衣甘藍有助維持健康的腸胃狀況，最常用作沙律菜或蔬果汁材料。

- 若怕菜味較濃可切碎炒飯，或作為餃子餡料。

- 加橄欖油及調味拌勻，放焗爐烘成羽衣甘藍脆片，可作為小食。

- 倩揚最愛：羽衣甘藍蝦皮炒蛋。

Salmon

三文魚

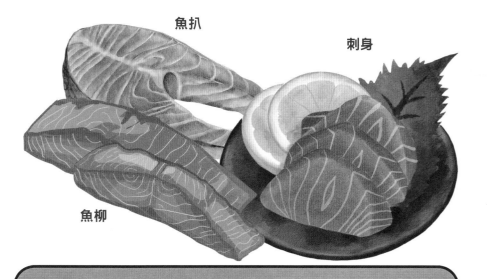

魚扒

刺身

魚柳

- ✅ 含豐富奧米加 3 脂肪酸（EPA 及 DHA），有助支援心血管健康，降低患上心臟疾病風險，並減輕體內的發炎反應。
- ✅ DHA 是保持大腦及眼睛健康的重要元素。
- ✅ 降低血液低密度脂蛋白膽固醇（LDL，壞膽固醇）。
- ✅ 適用於早、午、晚餐之蛋白質選擇。
- ✅ 煎、煮、焗、氣炸及刺身等食法均方便。

Millets

小米

- ✓ 比白米含有更多蛋白質，有助維持肌肉質量和修復組織，同時提供飽足感。

- ✓ 比白米營養豐富，但熱量及升糖值較低。

- ✓ 營養豐富，含有蛋白質、纖維、維他命 B 及多種礦物質。

- ✓ 適合加入米飯同煮或煮成小米粥。

Quinoa

藜麥

- ✔ 比白米營養豐富，但熱量及升糖值較低。
- ✔ 可取代白米作主食。
- ✔ 含豐富膳食纖維，維持腸道健康。
- ✔ 含較多的多元不飽和脂肪酸，支援心血管健康。
- ✔ 含豐富維他命 B，有助穩定情緒。

Pulses Food

豆類食品

黑豆

紅豆

紅腰豆

鷹咀豆

紅扁豆

黃扁豆

綠扁豆

 含豐富植物蛋白質、維他命及礦物質。

 含豐富膳食纖維，持續飽足感。

 可選無添加調味的罐頭豆類食品。

 可與粗糧米同煮；也可伴以沙律食用。

Macha

抹茶

- ✓ 含有茶胺酸，有助支援情緒健康、緩解壓力、減緩焦慮。
- ✓ 可提高專注力。
- ✓ 促進脂肪燃燒，抗氧美肌。
- ✓ 保持口腔清新。
- ⚠ 注意市售有添加奶精及糖的抹茶產品。

Nuts Family

堅果家族

腰果

核桃

巴西果仁

松子仁

胡桃

開心果

夏威夷果仁

花生

杏仁

- ✅ 含豐富的不飽和脂肪酸及多元礦物質。
- ✅ 含豐富膳食纖維及植物蛋白質。
- ✅ 增加飽肚感。
- ✅ 選無添加調味及非油炸產品。
- ✅ 每日一小份約 8-10 粒。

Seeds Family

種籽家族

南瓜籽

松子仁

罌粟籽

黑、白芝麻

亞麻籽

奇亞籽

大麻籽

- ✓ 含豐富的不飽和脂肪酸及多元礦物質。
- ✓ 含豐富膳食纖維及植物蛋白質。
- ✓ 增加飽肚感。
- ✓ 含人體所需的氨基酸。
- ✓ 可靈活運用於各款料理或作為零食。

🔍 倩揚 10 選常用珍寶 🎤

向大家推薦倩揚廚房經常使用的 10 款珍寶，在日常烹飪具有極高的實用價值。這些食材不僅提升菜餚的鮮味，同時富含多種營養和維他命，價格合理，是日常烹飪的絕佳幫手。

舉個例子，橄欖油富含健康的單不飽和脂肪，有助心血管健康；昆布富含礦物質，有助增強免疫力；櫻花蝦富含鈣質，有助骨骼健康；香茅具有抗菌和消炎作用；牛油果富含健康脂肪和纖維，有助消化和心臟健康；楓糖漿作為天然甜味劑，可以替代精製糖，提升食物風味及增加營養價值。

記得將 10 款珍寶放入購物清單，變成廚房的常備之物！大家可以在「低醣飲食生活提案」系列過百款食譜內找到它們的蹤影！

橄欖油

Olive Oil

- ☑ 富含健康的單元不飽和脂肪，減少脂肪積聚血管壁，有助心血管健康。

- ☑ 特級初榨橄欖油及初榨橄欖油等未經精製的油，蘊含抗氧化物，預防動脈血管粥樣硬化。

- ☑ 含維他命 E，能夠保護及滋潤肌膚，抵抗自由基對細胞的損害。

- ☑ 不同的橄欖油耐熱高溫程度有異，使用時需要特別留意。

- ☑ 可用於炒、煎炸、烘烤等。

Avocado Oil

牛油果油

- ✓ 蘊含單元不飽和脂肪及奧米加 9，有助心臟健康。
- ✓ 提升高密度脂蛋白膽固醇（HDL，好膽固醇）；降低低密度脂蛋白膽固醇（LDL，壞膽固醇）及三酸甘油酯，有助降血壓。
- ✓ 含有保護眼睛健康的葉黃素，可降低白內障及黃斑病變。
- ✓ 減輕與骨關節炎相關的痛症。
- ✓ 改善牙齦發炎及皮膚問題。
- ✓ 可用於日常煮食、沙律及凍湯等。

Dry Bonito

鰹魚節

- ✓ 富含 DHA 及 EPA，有助保護心腦血管，預防高血壓及動脈粥樣硬化等。

- ✓ 豐富的維他命 A、B 群、鈣、鎂及鐵，營養有益。

- ✓ 低醣及低卡路里，有利減重瘦身。

- ✓ 鰹魚節香氣濃，煲成鰹魚湯作為調味湯底，鮮味濃郁。

Dried Anchovy

魚乾

- ✅ 以日曬或風乾等保留鮮魚的鮮味。

- ✅ 豐富鈣、磷及鐵等礦物質，鞏固骨骼健康，有助心臟及神經運作。

- ✅ 煮瓜菜時加入魚乾熬成上湯，帶有魚湯鮮香味。

- ✅ 或製成香口魚乾小吃。

Sakura Shrimp

櫻花蝦

- ✅ 低脂肪、高蛋白，有助預防高血脂。

- ✅ 富含鈣及鎂，強健骨骼，穩定血壓，降低膽固醇，預防心血管疾病。

- ✅ 可炒飯、配椰菜炒煮、煎成蛋卷，或灑在菜式上散發鮮蝦香味。

- ✅ 買回來的櫻花蝦要貯存於雪櫃冷凍格。

Kombu

昆布

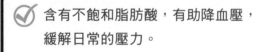

☑ 含有不飽和脂肪酸，有助降血壓，緩解日常的壓力。

☑ 碘質含量豐富，調節新陳代謝，也令頭髮烏黑有光澤。

☑ 水溶性膳食纖維高，有助降低膽固醇，令人有飽腹感。

☑ 昆布煮成湯底，帶有清香的味道。

Green Onions 葱

- ⊘ 包含青葱、大葱等葱科植物。
- ⊘ 含有蒜素及抗氧化物,有助抗菌化痰、疏通關節、
- ⊘ 清除自由基。
- ⊘ 降低膽固醇及預防心血管疾病。
- ⊘ 含維他命 A 及 C,有助血管舒張,預防血壓升高。
- ⊘ 水溶性纖維豐富,維持腸臟蠕動,改善便秘。
- ⊘ 葱根部分有很好的殺菌功效。
- ⊘ 經常作為醃肉的調味料。

Lemongrass

香茅

- ✓ 具有抗氧化、抗菌及消炎的作用。

- ✓ 富含多種營養要素，包括維他命 B 群、葉酸、維他命 A 及 C 等，以及鉀、鈣、鐵及鎂等微量元素。

- ✓ 帶濃烈的檸檬香氣，增進食慾，多使用根莖部分製作料理、醃料或茶飲。

- ✓ 使用前略拍根莖部分，香氣容易散發出來。

- ✓ 用於醃肉，作為天然調味料。

Sesame Leaves

大葉（紫蘇葉）

- ✓ 改善消化，增進食慾，清熱解毒，紓緩喉嚨咳嗽。

- ✓ 高纖低糖，並有抗衰老的功效。

- ✓ 氣味清新，葉片細軟，可包裹肉類伴吃。

- ✓ 作為沙律配料、製成壽司卷、煎蛋餅或日常泡茶飲用。

- ✓ 不宜久煮，烹調時間以 5-10 分鐘為宜。

Maple Syrup

楓糖漿

- 從楓樹樹液提煉而成的天然糖漿，經過加熱濃縮而成。
- 帶有濃郁的焦糖香味。
- 含有鈣、鐵及錳等礦物質，卡路里低，不含膳食纖維。
- 色澤由金黃色至極深色，視乎採收的季節而定，顏色較深風味濃郁。
- 適用於各款甜點或飲品調味。

零邪惡零食 10 選

經常有人問：為何有零食癮？很多人因為減肥而刻意少吃，但又不清楚如何正確飲食，道聽途說就採取節食的方法，正餐不敢吃得太飽，結果很快就餓了，餓了就找零食吃。

零食癮的形成有多方面原因，包括血糖波動、營養不均衡和心理因素。當正餐營養攝取不足時，導致我們容易感到飢餓，進而想吃零食。長期節食也會使身體進入自我保護機制，減少熱量消耗並增加食慾，以確保基本生理需求得以滿足。此外，壓力和情緒波動也引發零食癮，認為吃零食可暫時緩解壓力和焦慮。

然而，人心肉做，長期處於身心緊繃狀態是不健康的，想吃零食是人之常情。我想與大家分享一些健康零食，常備家中，在口痕的時候至少不會選錯食物。

「正餐食得啱，零食癮大減！」

Yogurt

乳酪

挑選無糖乳酪

含有豐富營養：

- ✅ 蛋白質
- ✅ 鈣質
- ✅ 飽肚感
- ✅ 益生菌
- ✅ 無添加糖

可自行添加天然甜味

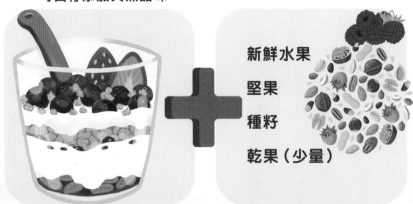

新鮮水果

堅果

種籽

乾果（少量）

Nuts & Seeds

果仁與種籽

含有豐富營養：

- ✅ 不飽和脂肪酸
- ✅ 膳食纖維
- ✅ 植物蛋白質
- ✅ 多種礦物質

松子仁

巴西果仁

南瓜籽

杏仁

腰果

核桃

胡桃

開心果

夏威夷果仁

花生

Seaweed

紫菜

營養豐富，懂得挑選。

- ✔ 豐富碘質
- ✔ 低熱量
- ✔ 價格相宜
- ✔ 方便食用
- ✔ 選低油、低鹽及無添加糖紫菜

小心選擇
免墮致肥陷阱

NEXT ▸

Seaweed

紫菜

日式壽司紫菜

以 100 克計算

能量：300kcal

蛋白質：40g

總脂肪：3.3g

飽和脂肪：1g

反式脂肪：0g

總碳水化合物：43.3g

糖：0g

鈉：524.8mg

Nutrition Information	
Per 100g	
Energy	300 kcal
Protein	40 g
Total Fat	3.3 g
- Saturated Fat	1 g
- Trans Fat	0 g
Carbohydrates	43.3 g
- Sugars	0 g
Sodium	524.8 mg

韓式紫菜零食

以 100 克計算

能量：597.13kcal

蛋白質：10.03g

總脂肪：46.69g

飽和脂肪：4.58g

反式脂肪：1.33g

總碳水化合物：35.7g

膳食纖維：3g

糖：0g

鈉：1927.81mg

Nutrition Information	
Per 100g	
Energy	597.13kcal
Protein	10.03g
Total Fat	46.69g
- Saturated Fat	4.58g
- Trans Fat	1.33g
Total Carbohydrate	35.70g
- Dietary Fiber	3.00g
- Sugar	0.00g
Sodium	1,927.81mg

泰國紫菜零食

以 100g 計算

能量：367kcal

蛋白質：17.8g

總脂肪：2g

飽和脂肪：0.4g

反式脂肪：0g

總碳水化合物：69.5g

膳食纖維：13.4g

糖：52.7g

鈉：1768mg

Nutrition Information 營養資料	
Per 100g／每100克	
Energy/能量	367 kcal／千卡
Protein/蛋白質	17.8 g／克
Total fat/總脂肪	2.0 g／克
- Saturated fat/飽和脂肪	0.4 g／克
- Trans fat/反式脂肪	0 g／克
Total Carbohydrates/總碳水化合物	69.5 g／克
- Dietary Fibre/膳食纖維	13.4 g／克
- Sugars/糖	52.7 g／克
Sodium/鈉	1768 mg／毫克

日式紫菜零食

以 100 克計算

能量：294kcal

蛋白質：38g

總脂肪：1g

飽和脂肪：0g

反式脂肪：0g

總碳水化合物：44.9g

膳食纖維：23.3g

糖：3.4g

鈉：1650mg

Nutrition Information 營養資料	
Per 100g／每100克	
Energy／能量	1230kJ／千焦
Protein／蛋白質	38.0g／克
Total Fat／總脂肪	1.0g／克
- Saturated Fat／飽和脂肪	0g／克
- Trans Fat／反式脂肪	0g／克
Total Carbohydrates／總碳水化合物	44.9g／克
- Dietary Fibre／膳食纖維	23.3g／克
- Sugars／糖	3.4g／克
Sodium／鈉	1650mg／毫克

Edamame

枝豆

含有豐富營養：

- ✅ 礦物質含量豐富，包括鉀，有助排走多餘水分。

- ✅ 高纖維，平衡腸道益生菌。

- ✅ 植物性蛋白質，增加飽腹感，降低攝取卡路里。

- ✅ 低熱量，有減重效果。

Apple
蘋果

含有豐富營養：

- ☑ 卡路里低，每 100 g 含 47 kcal。

- ☑ 含有多酚類化合物，有強大的抗氧化功能，對抗自由基侵害，減緩細胞老化。

- ☑ 促進體內維他命 C 增加，有抗氧化及提高免疫力功效，並生成膠原蛋白。

- ☑ 膳食纖維有助腸道蠕動，保持腸道菌群平衡。

- ☑ 含豐富礦物質，鉀質可調節血壓，保持心臟健康。

- ☑ 果膠可穩定血糖、降低膽固醇。

- ☑ 可每日食用。

Cheese

芝士

含有豐富營養：

- ✅ 含有蛋白質、多種維他命及礦物質（鈣及鉀），增加肌肉、強健骨骼及牙齒，有益心臟健康。

- ✅ 乳酸菌有利腸道益菌穩定及平衡，預防便秘及腹瀉。

- ✅ 膽固醇含量低，有益心血管健康。

- ✅ 容易有飽腹感，建議適量進食。

Types of Cheese
常見芝士種類

布里芝士
Brie

車打芝士
Cheddar

菲達芝士
Feta

卡門貝爾芝士
Camembert

藍紋芝士
Blue Cheese

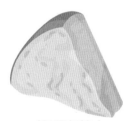

帕瑪森芝士
Parmesan

莫札瑞拉芝士
Mozzarella

瑞科塔芝士
Ricotta

Cucumber

青瓜

含有豐富營養：

☑ 低熱量、零脂肪，含礦物質鉀可排毒利尿，減輕體重。

☑ 含維他命 C、E，有助抵抗自由基及皮膚抗炎；維他命 K 有助增強骨骼。

☑ 青瓜含水量豐富，能保持身體水分充足，潤澤肌膚。

☑ 膳食纖維豐富，有助排走毒素。

☑ 青瓜爽脆可口，可伴橄欖油及醋做成沙律或涼拌菜。

Berries

莓類

含有豐富營養：

- ✅ 花青素有抗氧化功效，而且抗炎及令血液循環暢通。

- ✅ 蘊含大量維他命及礦物質，包括維他命 A、C、K、B 群、鉀、鎂、鈣及鐵。

- ✅ 纖維高，升糖指數較低。

- ✅ 不同種類的乾莓可適量進食。

Dried Fruits

乾果

✓ 無添加糖的乾果含天然甜味,適用於料理製作取代精製糖,或可於口痕時作為零食,注意食用分量,每日約一湯匙。

杏脯

杞子

提子

紅莓

無花果

西梅

藍莓

椰棗

Dark Chocolate
黑朱古力

含有豐富營養:

- ✅ 選可可成分達 70% 或以上的低糖黑朱古力。

- ✅ 含天然抗氧化劑(兒茶素、黃烷醇、多酚化合物),減少細胞受侵害,有助修復及延緩老化。

- ✅ 含適量可溶性纖維及豐富礦物質(鐵、鎂、銅及錳等)。

- ✅ 改善血液循環,有助心腦血管健康,減緩大腦認知能力下降。

- ✅ 提升高密度脂蛋白膽固醇(HDL);降低體內低密度脂蛋白膽固醇(LDL)。

- ✅ 紓緩壓力,令人有愉悅感。

團長推介:
黑咖啡＋黑朱古力粉
黑朱古粉＋奶＋無糖濃縮咖啡

Sparkling Water

有汽礦泉水

含有豐富營養：

- ✓ 礦物質含量高，包含鈣、鉀及鎂等。

- ✓ 零卡路里及無糖分。

- ✓ 加入水果、蔬菜及新鮮香草等製成 Detox Water，富含食物纖維及抗氧化功能。

- ✓ 解決不愛喝水人士的苦惱。

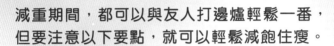

打邊爐飽住瘦

減重期間，都可以與友人打邊爐輕鬆一番，
但要注意以下要點，就可以輕鬆減飽住瘦。

⭐ 注意進食分量。

⭐ 避免吃得太辣，而飲用過多甜飲。

⭐ 選擇無添加糖的茶飲或飲品。

⭐ 避免太餓時吃火鍋，容易吃得太快而過量進食。

⭐ 小心任點任吃火鍋的中伏位，勿吃過飽。

⭐ 翌日上磅時，緊記調整期望。

⭐ 進食火鍋後翌日，盡量吃得清淡、多喝水。

開開心心飽住瘦打邊爐，又可以同朋友開心聚餐，毋須社交隔離自己，只要選對食材，配搭健康湯底，加上吃得聰明的飲食次序，打邊爐應成為減磅減脂過程中心裏緩衝點！當你意興闌珊時，約好友打邊爐吃個滿足！睡醒又是新的一天！

Hotpot Strategy

打邊爐飽住瘦攻略

自家製少油、少鹽、少糖湯底；外食選清湯、豆乳、昆布湯底。

配料多選：新鮮蔬菜、肉類、豆類製品。

避免吃加工、油炸食品。

選低脂、高蛋白肉類、原形澱粉類食材。

避用高鈉、濃味及高油脂醬汁；選低鹽豉油配天然食材，如蒜蓉、辣椒、薑及葱等。

避免進食公仔麵、油麵等加工及油分較多的精製澱粉食材。

進食次序：先吃蔬菜打底，再吃肉類。

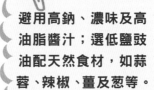

最理想分成鴛鴦鍋，一邊灼肉類，一邊灼蔬菜，避免蔬菜多吸收肉類油分而一併吃下。

What To Eat?

吃甚麼可以飽住瘦？

深綠色蔬菜類、菇菌類。

較低脂肪肉類，例如較少脂肪
牛肉、牛柳、胸肉片及雞件等。

海鮮類食品，高蛋白、較低脂，
而且飽足度高。

Good Carb

原形澱粉質

進食優質的澱粉質，如番薯、蓮藕、南瓜、薯仔、淮山、粟米、芋頭等。

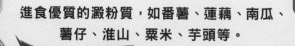

Avoid

避免進食加工食品，如各式丸類、腸仔、午餐肉、響鈴、麵筋、炸物等。

陳倩揚Skye Chan

SUBSCRIBE

Share

LIVE

Like

Comment

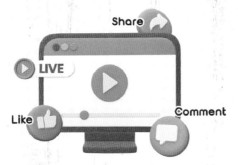

f 陳倩揚Skye Chan

 陳倩揚Skye Chan

 Chansinyeung

至Pro媽咪
紙選 Pro-X 廚紙

特吸X型壓紋
3層
吸水 **+40%**

4卷裝　　　　抽取式

全新 **維達Pro-X**
特吸萬用廚紙

 3層強韌厚實　 特吸鎖水X型壓紋　 3重食品級安全認證#

*ISO 22000 - Food safety management system - Requirements for any organization in the food
#符合ISO22000；通過US FDA 21 CFR 176.170 相關測試及德國LFGB預期接觸食品的紙
^數據來自維達實驗室測試，與維達兩層萬用廚紙吸水倍率

各大超市有

OPTIFAST.

輕營瘦身新體驗
我得！你都得！

7 days Cycle

陳倩揚

醫生
推薦^

臨床實證
每星期
減重可達
**2.5kg*

低升糖
減少
飢餓感

高蛋白
維持肌肉
質量

OPTIFAST® 瘦身代餐

著者
陳倩揚

責任編輯
簡詠怡

裝幀設計、排版
羅美齡

封面及插圖設計
陳倩揚

封面攝影
Alien Creation Limited

出版者
萬里機構出版有限公司
香港北角英皇道 499 號北角工業大廈 20 樓
電話：2564 7511　　傳真：2565 5539
電郵：info@wanlibk.com
網址：http://www.wanlibk.com
　　　http://www.facebook.com/wanlibk

發行者
香港聯合書刊物流有限公司
香港荃灣德士古道 220-248 號荃灣工業中心 16 樓
電話：2150 2100　　傳真：2407 3062
電郵：info@suplogistics.com.hk
網址：http://www.suplogistics.com.hk

承印者
美雅印刷製本有限公司
香港觀塘榮業街 6 號海濱工業大廈 4 樓 A 室

出版日期
二〇二四年七月第一次印刷

規格
16 開（210 mm × 150 mm）

ISBN 978-962-14-7558-9

圖解精讀
飽住瘦攻略
減醣入門天書